本项目受国家自然科学基金委员会重大研究计划
“纳米制造的基础研究” 资助

“纳米制造的基础研究”管理工作组

组 长：黎 明

成 员：王国彪 赖一楠 王岐东 何 杰 杨俊林 张守著

“纳米制造的基础研究”学术顾问组

钟 掘 温诗铸 熊有伦 王立鼎 解思深 侯建国 薛其坤 李同保 Zhigang Suo
郭万林 董 申 李圣怡 房丰洲 张其清

“纳米制造的基础研究”指导专家组

组 长：卢秉恒

副组长：雒建斌

成 员：田中群 郭东明 丁 汉 顾长志 李志宏（2009—2012） 刘 明（2013—2018）

“纳米制造的基础研究”秘书组

丁玉成 段吉安 叶 鑫 刘红忠 邵金友 刘 磊 刘宇宏 宋建丽

总主编 杨 卫

纳米制造的基础研究

Fundamental Research on Nanomanufacturing

纳米制造的基础研究项目组 编

总　序

合抱之木生于毫末，九层之台起于垒土。基础研究是实现创新驱动发展的根本途径，其发展水平是衡量一个国家科学技术总体水平和综合国力的重要标志。步入新世纪以来，我国基础研究整体实力持续增强。在投入产出方面，全社会基础研究投入从 2001 年的 52.2 亿元增长到 2016 年的 822.9 亿元，增长了 14.8 倍，年均增幅 20.2%；同期，SCI 收录的中国科技论文从不足 4 万篇增加到 32.4 万篇，论文发表数量全球排名从第六位跃升至第二位。在产出质量方面，我国在 2016 年有 9 个学科的论文被引用次数跻身世界前两位，其中材料科学领域论文被引用次数排在世界首位；近两年，处于世界前 1% 的高被引国际论文数量和进入本学科前 1‰ 的国际热点论文数量双双位居世界排名第三位，其中国际热点论文占全球总量的 25.1%。在人才培养方面，2016 年我国共 175 人（内地 136 人）入选汤森路透集团全球"高被引科学家"名单，入选人数位列全球第四，成为亚洲国家中入选人数最多的国家。

与此同时，也必须清醒认识到，我国基础研究还面临着诸多挑战。一是基础研究投入与发达国家相比还有较大差距——在我国的科学研究与试验发展（R&D）经费中，用于基础研究的仅占 5% 左右，与发达国家 15%~20% 的投入占比相去甚远。二是源头创新动力不足，具有世界影响力的重大原创成果较少——大多数的科研项目都属于跟踪式、模仿式的研究，缺少真正开创性、引领性的研究工作。三是学科发展不均衡，部分学科同国际水平差距明显——我国各学科领域加权的影响力指数（FWCI 值）在 2016 年刚达到 0.94，仍低于 1.0 的世界平均值。

中国政府对基础研究高度重视，在“十三五”规划中，确立了科技创新在全面创新中的引领地位，提出了加强基础研究的战略部署。习近平总书记在 2016 年全国科技创新大会上提出建设世界科技强国的宏伟蓝图，并在 2017 年 10 月 18 日中国共产党第十九次全国代表大会上强调“要瞄准世界科技前沿，强化基础研究，实现前瞻性基础研究、引领性原创成果重大突破”。国家自然科学基金委员会作为我国支持基础研究的主渠道之一，经过 30 多年的探索，逐步建立了包括研究、人才、工具、融合四个系列的资助格局，着力推进基础前沿研究，促进科研人才成长，加强创新研究团队建设，加深区域合作交流，推动学科交叉融合。2016 年，中国发表的科学论文近七成受到国家自然科学基金资助，全球发表的科学论文中每 9 篇就有 1 篇得到国家自然科学基金资助。进入新时代，面向建设世界科技强国的战略目标，国家自然科学基金委员会将着力加强前瞻部署，提升资助效率，力争到 2050 年，循序实现与主要创新型国家总量并行、贡献并行以至源头并行的战略目标。

“中国基础研究前沿”和“中国基础研究报告”两个系列丛书正是在这样的背景下应运而生的。这两套系列丛书以“科学、基础、前沿”为定位，以“共享基础研究创新成果，传播科学基金资助绩效，引领关键领域前沿突破”为宗旨，紧密围绕我国基础研究动态，把握科技前沿脉搏，以科学基金各类资助项目的研究成果为基础，选取优秀创新成果汇总整理后出版。其中“中国基础研究前沿”丛书主要展示基金资助项目产生的重要原创成果，体现科学前沿突破和前瞻引领；“中国基础研究报告”丛书主要展示重大资助项目结题报告的核心内容，体现对科学基金优先资助领域资助成果的系统梳理和战略展望。通过该系列丛书的出版，我们不仅期望能全面系统地展示基金资助项目的立项背景、科学意义、学科布局、前沿突破以及对后续研究工作的战略展望，更期望能够提炼创新思路，促进学科融合，引领相关学科研究领域的持续发展，推动原创发现。

积土成山，风雨兴焉；积水成渊，蛟龙生焉。希望“中国基础研究前沿”和“中国基础研究报告”两个系列丛书能够成为我国基础研究的“史书”记载，为今后的研究者提供丰富的科研素材和创新源泉，对推动我国基础研究发展和世界科技强国建设起到积极的促进作用。

第七届国家自然科学基金委员会党组书记、主任

中国科学院院士

2017 年 12 月于北京

前　言

当今世界，是科技高速发展与高端技术竞争的世界，唯执科技发展与技术创新之牛耳者方可居于世界经济浪潮之前沿。制造业作为国民经济发展的重要支柱，是实现升级发展的“国之重器”。大到星际光年尺度的深空探测，如较成熟的对地观测卫星、载人航天飞船、宇宙空间站，以及新概念太阳帆、微纳卫星、卫星探测器等，依托大尺度纳米精度的制造技术，为人类探索、认识宇宙本质提供了重要支撑；小到分子和原子尺度的解构与重构，如生物分子马达、纳米电动机、纳米机器人、分子光电器件、纳米电路、纳米传感器、纳米智能器件和系统等，凭借基于原子尺度增材、减材或等材制造技术实现材料、结构、器件和系统的构建，为人类探索生命与物质本质提供了重要基础。因此，无论是面向大尺度的纳米精度（超精密）制造，还是小到原子的纳米尺度制造，发展纳米制造的新方法与新技术对于信息、材料、环境、能源、生物医学、航空航天和国防安全等众多领域均具有重要意义，是国家未来战略布局、新兴产业发展、经济结构调整与升级的重要保障。

纳米制造工艺与技术的发展，使制造对象由宏观进入微观与纳观，不仅大幅度提升制造的精度和质量，同时也大大拓宽了制造技术的尺度范围。应用纳米科技得到微观/纳观的发现和研究成果，有助于实现微纳米产品的批量化一致性制造，从而丰富物质产品，大大节约材料和能源。纳米制造的研究，将促进学科交叉、发展新的制造理论和方法，使制造科学的研究更丰富、更深入。为提升我国纳米制造的源头创新能力，国家自然科学基金委员会（National Natural Science Foundation of China, NSFC）于2010年正式启动了“纳米制造的基础研究”重大研究计划项目，瞄准纳米制造前沿发展，以解决国家重大需求为导向，从基于物理/化学/生物原理的制造方法着眼，致力于研究纳米结构生长、加工、改性、组装等纳米制造新方法与新工艺，以及纳米尺度制造过程中结构与器件的性能演变规律，形成我国原创的纳米制造新原理与新方法，提升我国纳米制造水平，致力于解决我国制造技术的瓶颈与“卡脖子”问题。

本重大研究计划遵循“有限目标、稳定支持、集成升华、跨越发展”的总体思路，围绕国民经济、社会发展和科学前沿中的重大战略需求，以专家顶层设计和科技人员自由选题申请相结合的方式，凝聚了国内优势力量，形成了具有相对统一目标或方向的项目群，通过相对稳定和一定强度的支持，积极促进学科交叉，培养创新人才，实现若干重点领域或重要方向的跨越发展，从而提升我国基础研究创新能力，为国民经济和社会发展提供科学支撑。

在“纳米制造的基础研究”重大研究计划实施过程中，经专家通讯评审和会议评审，资助项目153项（其中集成项目4项，重点支持项目24项，培育项目121项，战略研究项目4项）。资助项目集中在基于物理/化学/生物等原理的纳米结构制造、宏观结构的纳米精度制造、宏/微/纳跨尺度结构与器件的集成制造、纳米制造精度评价与测量、纳米制造的装备与平台技术5个方向，展开制造科学与数学、化学、信息、生物等学科的交叉，突出了“制造”属性，即如何保证纳米制造的批量化和一致性。重点资助了纳米尺度制造、纳米精度制造、跨尺度制造、装备制造、器件制造、表征与计量等多个领域。本书收集了资助项目中取得的部分研究成果，其中有相当大数量的中青年科技工作者的优秀论文，表明我国纳米制造计划培育了一支有相当高研究水平的雄厚研究团队，这是该重大研究计划最突出的成果。

经过 8 年的通力协作与奋斗，2018 年 12 月 13 日，国家自然科学基金委员会评审通过了“纳米制造的基础研究”重大研究计划结题。本计划的参与研究人员通过多学科交叉研究，探索了基于物理 / 化学效应的纳米制造新原理与新方法，揭示了纳米尺度与纳米精度下加工、成形、改性和跨尺度制造中的表面 / 界面效应、尺度效应等，阐明了物质结构演变机理，建立了纳米制造过程的精确表征与计量方法，发展了若干原创性纳米制造工艺与装备，特别是揭示了原子层级化学机械去除机制，开创了在原子精度实现电子材料加工的新方法；提出了电子 / 电荷动态调控的纳米结构成形新原理，制造尺度延伸至原子级；发展了跨尺度批量制造的系列方法与技术，在部分产业领域获得应用；建立了较为完善的纳米制造方法与工艺体系，如化学机械抛光、电场力诱导纳米压印、电子束调控孔加工、跨尺度器件制造等，形成自主装备，在若干领域打破国际垄断。项目成果服务于光刻机镜头抛光、靶球微孔阵列制造、高端装备用米级二维计量光栅、空间航行器表面多级微纳结构蒙皮等国家重大科学 / 工程，从源头上为我国纳米制造工艺与装备水平的提升提供了理论基础。

八年来，从立项、实施到最终成果凝练与总结，感谢指导专家组各位成员、国家自然科学基金委员会各位同志以及国内相关领域中青年研究学者的大力支持，各研究课题组以把握前沿方向、聚焦研究内容、优化研究目标、加强成果凝练为着眼点，围绕重大研究计划的既定要求，努力把基础理论钻透、把成果应用找准、把学科交叉做实，引领了未来纳米制造科技发展方向，展示了当前中国纳米制造的研究水平，有效服务于国家重大需求和国民经济主战场，为将来下游产品的研发和应用做好铺垫。

很高兴国家自然科学基金委员会科学传播中心邀请我们整理出版本重

大研究计划的总结报告、成果报告和战略研究报告，并收录到“中国基础研究报告”丛书。为体现本重大研究计划的重要成果和跨越式发展情况，我们整理了本重大研究计划集成项目、重点项目和培育项目的亮点成果。

“路漫漫其修远兮，吾将上下而求索。”本重大研究计划的实施固然取得了一些可喜成果，但这仅是发展新时期中国特色纳米制造技术的开端，未来希望我国科研人员以深化纳米制造理论研究、创新纳米制造关键技术为己任，以保障国家战略需求为出发点，通过与信息、物理、化学及生命等学科的深度融合，深入研究纳米制造的工具、重要材料纳米制造的工艺、纳米制造的装备以及纳米计量方法，系统构建纳米制造理论，攻克核心技术，发展一批原始创新技术，在航空航天、生物医疗、信息、新能源等领域，取得一批有重要工程前景的技术成果，并形成可交换的独家核心技术，把成果用在祖国大地上，服务寻常百姓家。

指导专家组组长

中国工程院院士

2019 年 6 月于西安

目 录

成果附录 131

索 引 165

第 1 章　项目概况

1.1　项目介绍

纳米制造作为支撑纳米技术、信息技术和生物技术走向应用的基础，主要研究纳米结构生长、加工、改性、组装等纳米制造新方法与新工艺，以及纳米尺度制造过程中结构与器件的性能演变规律。近 10 年来，国家自然科学基金委员会对于纳米制造领域的研究一直保持着相当大力度的资助。为进一步提升我国纳米制造的源头创新能力，瞄准学科发展前沿、面向国家发展的重大战略需求，国家自然科学基金委员会于 2010 年正式启动了“纳米制造的基础研究”重大研究计划项目[1]，旨在针对纳米精度制造、纳米尺度制造和跨尺度制造中的基础科学问题，通过加强顶层设计，凝练科学目标，促进学科交叉，培养创新人才，实现若干重点领域或重要方向的跨越发展，提升我国基础研究的创新能力，为国民经济和社会发展提供科学支撑。

本重大研究计划遵循“有限目标、稳定支持、集成升华、跨越发展”的总体思路，围绕国民经济、社会发展和科学前沿中的重大战略需求，把握本计划基础性、前瞻性和交叉性的研究特征，以专家顶层设计引导和科技人员自由选题申请相结合的方式，凝聚优势力量，形成具有相对统一目标或方向的项目群。8 年来，在我国相关科研人员的通力协作下，本重大研究计划充分发挥了机械、材料、物理、化学、生命、信息和力学等多学科交叉合作的优势，拓展了制造对象由宏观进入微观后多种加工原理的物理内涵与技术外延，顺利完成了最初设定的目标，大大拓宽了制造技术的尺度范围，开辟了新的研究领域，大幅度提升了制造的精度和质量，发展了新的制造理论和方法。本重大研究计划对促进学科交叉起到了积极的推动作用，促使制造科学研究更为深入和完善，在将纳米科学新发现转变为前沿制造技术的趋势中，充分发挥了基础支撑作用。

1.1.1 总体科学目标

作为工程与材料科学领域的一项重大研究计划，“纳米制造的基础研究”旨在通过多学科交叉研究，探索基于物理 / 化学效应的纳米制造新原理与新方法，揭示纳米尺度与纳米精度下加工、成形、改性和跨尺度制造中的表面 / 界面效应、尺度效应等，阐明物质结构演变机理，建立纳米制造过程的精确表征与计量方法，发展若干原创性纳米制造工艺与装备，为实现纳米制造的一致性和批量化提供理论基础。因此，本重大研究计划聚焦于下列研究方向，并取得了一系列研究突破 [2, 3]。

亚纳米级精度表面制造原理与方法。从物质的原子 / 分子与能量束之间的作用机制出发，揭示原子迁移和原子尺度下材料去除加工规律；建立新的制造原理、方法和工艺路线，为解决 14 nm 以下线宽的 IC 制造提供了理论支撑和技术途径。

大面积微纳米结构精确复形制造。从微纳米间隙中外场诱导的物理 / 化学作用机制出发，揭示微纳米结构生成过程中材料流变与去除规律，建立新的制造原理、方法和工艺路线，实现柔性电子器件、新型传感器、微光学阵列元件等大面积微纳结构高效制备。

“Top-Down（自上而下）”与“Bottom-Up（自下而上）”结合的纳米制造方法学研究。结合“自上而下”和“自下而上”的加工方法，建立新的纳米尺度制造原理、方法和工艺路线，解决纳米器件和系统结构的可制造性问题。

基于电子动态调控的超快激光微纳制造新方法探索。通过优化脉宽短于电子弛豫时间的超快激光脉冲序列的时空分布，调控被加工材料的电子密度、温度、能级分布、自旋等电子状态及相应瞬时局部材料特性，从而实现全新的高质量、高精度、高效率制造方法，并将其应用于航空航天、信息领域的关键器件 / 结构制造。

1.1.2 核心科学问题

针对本重大研究计划的总体科学目标，结合我国纳米制造现状以及国民经济、社会发展和科学前沿中的重大战略需求，主要围绕以下 3 个核心科学问题实施研究工作计划。

（1）纳米精度制造的新原理与新方法

纳米精度表面加工是纳米制造的核心问题之一，也是本重大研究计划的一个重要研究方向。随着集成电路特征线宽的减小、晶圆尺寸的增大，对加工精度的要求也日益提高。193 nm 光刻物镜需要达到亚纳米的面形精度，300 mm 晶圆平坦化需要达到 2% 的片内均匀性，晶圆减薄工艺要求厚度减薄至 50 μm 以下以不发生翘曲。为了达到这些指标，必须探索一些新方法和新工艺，其关键问题在于如何实现纳米精度表面的无损伤、高效、可控加工。

本重大研究计划对纳米精度表面加工原理与工艺方法进行了研究，主要内容包括：离子束亚纳米面形可控加工，面向集成电路制造的纳米精度表面平坦化新原理与新技术，机械化学纳米精度磨削技术，以及超低压力下化学机械平坦化理论与技术等。

（2）纳米尺度结构制造的新原理与新方法

纳米尺度加工是实现纳米结构与器件制造的手段，是纳米科技的基石。目前，已经存在原子力显微镜、飞秒激光、电子束、自组装、纳米光刻与刻蚀等多种纳米尺度加工方法。这些加工方法的批量化、重复性、一致性及低成本等问题没有得到很好地解决，没有从加工技术变成制造技术，使得纳米科技产品难以从实验室走向产业应用。纳米尺度结构制造作为本重大研究计划的核心内容之一，其目标是在现有物理 / 化学 / 生物等基本原理基础上，进行纳米尺度制造理论、方法、技术与应用的探索，为高精度传感器、高效率微能源、集成微纳系统 / 后摩尔时代电子器件和集成电路的研究和应用打下基础。

纳米尺度结构制造的主要研究内容包括：新型纳米尺度制造理论与方法，结构自约束的高精度微纳结构可控制造，外场诱导三维制造，以及基于自组装的纳米结构可控制造等。

（3）大面积纳米结构高效跨尺度制造原理与方法

跨尺度制造是本重大研究计划的研究重点之一。随着柔性显示器、柔性薄膜太阳能电池、柔性传感器等柔性与智能电子器件需求的提升，迫切要求在大面积纳米结构制造技术方面取得突破。由于纳、微、宏互连存在尺度效应，器件性能精确调控比较困难，实现纳米结构的大面积高效、高精度、低成本制造充满挑战。

本重大研究计划针对跨尺度制造的瓶颈问题展开研究，主要内容包括：基于微电子加工工艺中特殊效应的跨尺度制造，大面积微纳结构的新型高效模塑制造理论与方法，以及跨尺度微纳结构集成制造与应用等。

1.2 项目布局

1.2.1 项目部署

“纳米制造的基础研究”重大研究计划实施的 8 年中，总经费约 1.9 亿元人民币，共支持集成项目 4 项（5500 万元，占 29.01%）、重点支持项目 24 项（6240 万元，占 32.91%）、培育项目 121 项（6231 万元，占 32.87%）和战略研究项目 4 项（987.88 万元，占 5.21%），如图 1.1 所示 [4, 5]。研究内容覆盖纳米精度制造、纳米结构制造、跨尺度制造和微纳制造新方法探索四大研究领域，形成了纳米精度制造的新原理与新方法、大面积微纳结构高效制造方法、“Top-Down”与“Bottom-Up”结合的纳米制造新原理、激光微纳制造新原理和新方法探索的四个项目群 [5]。

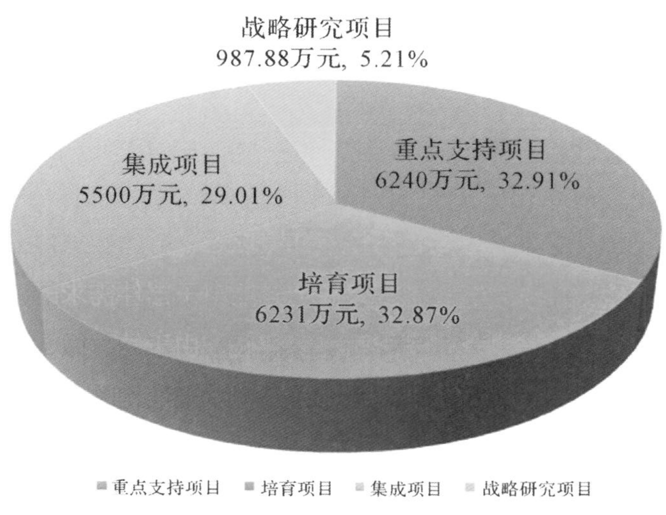

图 1.1 项目部署

1.2.2　项目集成与升华

本重大研究计划在支持的各个方向上都取得了积极进展，尤其是在纳米精度表面加工、大面积微纳米结构高效制造、“Top-Down”与“Bottom-Up”结合的纳米制造、基于电子动态调控的超快激光微纳制造等新方法方面取得了重大进展。结合本重大研究计划的目标、已取得的进展以及国家重大需求，项目在实施过程中凝练和规划了 4 个集成项目。

（1）亚纳米级精度表面制造原理与方法

在亚纳米精度表面制造中，发现物质原子、分子与能量束之间的相互作用机制，探索原子迁移和原子尺度下的材料去除规律，建立精密光学器件加工与 IC 晶圆抛光等制造原理、方法和工艺路线。联合机械、化学、材料、力学，探索分子 / 原子级材料去除机制，建立纳米精度表面制造原理与方法。通过该集成项目的研究，突破关键科学问题，形成系统工艺方法，突破装备技术瓶颈，提升我国纳米精度制造的技术水平。

（2）大面积微纳米结构精确复形制造

从微纳米间隙中外场诱导的物理 / 化学作用机制出发，揭示微纳米结构生成过程的材料流变与去除规律，建立新的制造原理、方法和工艺路线，实现柔性电子器件、新型传感器、微光学阵列元件等大面积微纳结构高效制备。面向若干国家重大战略需求（如精密计量光栅、点火计划中异形物理光栅、超高效率纳米光电子部件等），集成精密模板制造方法、多场诱导复形方法、误差传递理论和精度溯源方法的研究，发展纳米尺度的精确、高效复形制造原理。揭示外场诱导下结构和物理性质演变规律，发现新的纳米结构复形制造原理，发展复制成形的误差传递控制和精度计量的溯源理论。

（3）“Top-Down”与“Bottom-Up”结合的纳米制造方法研究

结合“Top-Down”与“Bottom-Up”的加工方法，建立新的跨尺度制造原理、方法和工艺路线，解决纳米器件和系统结构的可制造性问题。整合本重大研究计划中自组装、纳尺度加工新原理和微纳复合制造中原创性方法，充分利用成熟的微电子工业集成制造技术的特点，实现从纳米结构集成到技术集成和功能集成，形成从纳米材料向纳米器件和系统的突破。通过该集成项目的研究，研发可应用于物联网的高灵敏、低功耗气体和生物等系列传感器（如环境监测、反恐）。

（4）基于电子动态调控的超快激光微纳制造新方法探索

通过优化脉宽短于电子弛豫时间的超快激光脉冲的时空分布，调控被加工材料的电子密度、温度、能级分布、自旋等电子状态及相应瞬时局部材料特性，从而实现全新的高质量、高精度、高效率制造方法，并应用于制造航空航天、信息领域的关键器件 / 结构。通过集成项目研究，检测并揭示材料加工中时空整形飞秒激光脉冲电子动态调控的机制，优化超快脉冲序列的关键参数，实现高效率、高品质加工，应用于制造国家重大工程 / 信息等领域关键结构 / 器件。

1.2.3　多学科交叉与融合

本重大研究计划从执行之初就高度重视学科交叉，主要涉及机械、材料、物理、化学、生命、信息、力学等领域，如图 1.2 所示。在电化学与制造科学的交叉融合方面，将电化学与传统机械磨削技术相结合，建立了功能表面低损伤、高精度抛光技术，在集成电路制造领域得以应用，并实现了纳米精度表面低应力平坦化以及高精度光学镜头加工。在力学与制造科学的交叉融合方面，将流体力学、电动力学与模塑复形技术相结合，建立了原创性的电驱动聚合物纳米结构流变成形技术，为跨尺度、大深宽比等复杂纳米结构制造提供了一种高效、可靠的制造手段。在化学、微电子与制造科学的交叉融合方面，将化学生长、物理自组装技术与光刻、刻蚀等传统微纳制造技术相结合，将自组装技术发展为一种满足制造特征的纳米制造方法，实现了高精度传感器等典型纳米结构功能器件的制造。在激光、化学与制造科学的交叉融合方面，发展了超快激光加工技术，建立了电子动态调控、双光子聚合、多光子还原等激光加工理论和方法，拓展了激光制造技术在纳米制造领域的应用潜力。在材料科学、信息科学与制造科学的交叉融合方面，建立了石墨烯、半导体纳米线等新型电子材料的可控制造和加工技术，并通过宏、微、纳跨尺度互连，实现了具有优异性能的纳米器件原型制造。本重大研究计划不仅拓展了学科界面，更促进了多学科交叉融合，论文成果涉及材料学、物理学、化学、工程学、光学等 28 个学科，平均学科交叉率为 2.06%。

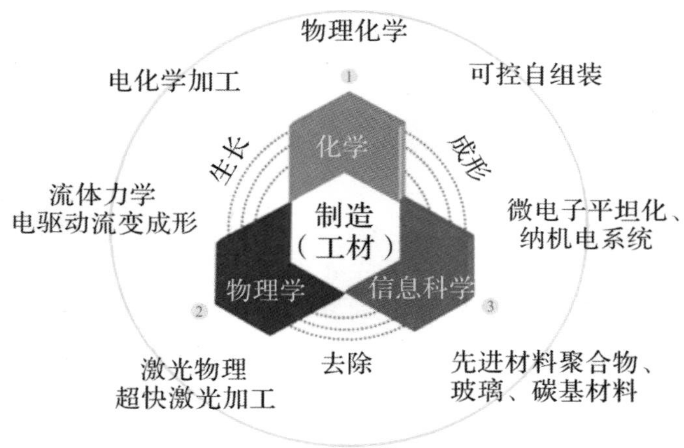

图 1.2　学科交叉情况

1.3 取得的重大进展

本重大研究计划创新性地将宏观尺度的纳米精度研究纳入纳米制造研究中，向批量化、一致性、低成本的制造技术和工艺装备聚焦，通过原理创新及前沿技术攻关，培养汇聚了一批学科交叉、从事纳米制造研究的优秀队伍，为我国纳米制造技术的发展奠定了坚实的基础，为解决中国制造的战略任务、在国际上形成有重要影响的研究成果发挥了重要作用。

本重大研究计划自启动以来，瞄准纳米制造领域的前沿科学问题和发展趋势，着力推动机械、材料、物理、化学、生命、信息、力学等学科之间的交叉融合，取得了以下主要创新性研究成果[6]。

揭示了原子层级化学机械去除机制，建立了光学全频段亚纳米精度的加工方法，形成了晶圆化学机械平坦化装备、光刻机镜头抛光装备，在集成电路生产线获得应用，打破了国外垄断，为芯片制造行业解决“卡脖子”问题提供关键支撑。

在国际上首次提出了界面电荷调控的纳米压印新原理、新方法，研制了气电协同压印、卷对卷跨尺度压印等系列纳米压印装备，在国家重大工程、国防军事、消费电子等领域获得了应用，使纳米压印从实验室走向了工程应用。

提出了电子动态调控的飞秒激光制造新原理、新方法，在国际上首次实现了对瞬时局部电子动态的主动控制，研发了激光微纳制造技术和装备，为国家重大工程的靶球制造提供了支撑。

发展了微结构表面的局域选择性多重构筑和批量化制造方法，建立了较为完善的纳米制造方法与工艺体系，自主研发了装备 17 台 / 套，在若干领域打破国际垄断，达到国际先进水平。

本重大研究计划执行期间在国际期刊发表 SCI 论文 3813 篇，其中在包括 *Nat Nanotechnol*、*Nat Mater*、*Nat Phys*、*Nat Energy* 等顶级期刊上发

表论文 19 篇，入选 ESI 高被引论文 91 篇；授权发明专利 935 件（含美国 / 欧洲专利 11 件），出版中英文专著 66 部；荣获国家自然科学奖二等奖 6 项、国家技术发明奖二等奖 5 项、国家科技进步奖二等奖 1 项、何梁何利奖励 2 项、国防科技创新团队奖 1 项、省部级奖励 21 项等。在本重大研究计划的支持下，实现了跨学部多学科交叉，在纳米制造领域培育了一批具有国际水准的优秀科学家。在本重大研究计划实施期间，专家指导委员会或项目承担人中有 6 人当选中国科学院院士、2 人当选中国工程院院士。项目承担人中 4 人入选美国机械工程师协会（ASME）会士、电气和电子工程师协会（IEEE）会士，18 人获得国家杰出青年科学基金项目资助、15 人获得教育部“长江学者”称号，6 人获得优秀青年科学基金项目 [6]。

本重大研究计划的实施极大提高了我国在国际纳米制造领域的地位，实现了我国从跟踪到跻身世界先进行列的跨越式发展。

本重大研究计划完成后领域内发展态势对比可见表 1.1。

表 1.1 发展态势对比

科学目标下的 核心科学问题	计划启动时 国内研究状况	计划结束时 国内研究状况	计划结束时 国际研究状况	与国际研究状况相比的 优势和差距
纳米 / 亚纳米精度表面制造	表面 / 亚表面损伤：微米级 表面粗糙度：Ra 50 nm 面型精度：RMS 3μm	表面 / 亚表面损伤：15 nm 表面粗糙度：Ra 0.1 nm 面型精度：RMS 0.3 μm	表面 / 亚表面损伤：8 nm 表面粗糙度：Ra 0.1 nm 面型精度：RMS 0.2 μm	优势： 形成了行业公认的、较为完备的新原理、新方法、新工艺、新装备 差距： 在大幅面一致性方面仍需提高
纳米尺度制造	制造理论处于追赶状态 尺度：5~10 μm	建立了电驱动纳米压印、电子动态调控激光制造等系列理论；实现了 10~20 nm 尺度制造；形成了激光直写、纳米压印、近场曝光等自主装备	加工尺度：7 nm	优势： 建立较为完备的基础理论与模型、新方法、新工艺，以及部分自主装备 差距： 与国际微纳加工仍存在 1~2 代的代差
跨尺度微纳结构制造	无理论、厘米级微结构、零装备（国际：米级微纳复合结构）	建立了纳米压印等制造理论、无掩模制造方法，形成了 3D 刻蚀、纳米印刷等装备，实现了米级幅面纳米结构制造	米级幅面纳米结构制造	优势： 传感器、柔性显示、柔性电子等系列关键部件，自主装备 / 工艺 差距： 大幅面制造精度及一致性问题

第 2 章　国内外研究情况

2.1　纳米制造的国内外研究现状

（1）纳米制造基础研究发展

纳米科学是现代科学的前沿，纳米制造是纳米科学发展的基础。物理、化学等基础学科的研究成果以及信息技术的进步，带动了纳米制造技术的发展。纳米制造创新技术的突破和涌现，也同样服务于相关纳米科学等基础学科，并在认识和探索未知自然奥秘的过程中提供技术和装备的支撑。21 世纪，纳米制造在当今的科技创新发展中已经展现出强大的驱动能力，成为今后能够引领世界科技发展地位的制高点，如：吸引各国政府、科技界和产业界广泛而深入关注的生物分子马达、纳米电动机、纳米机器人、分子光电器件、纳米电路、纳米传感器、纳米智能器件和系统等。自 2001 年，美国实施的国家纳米技术计划（National Nanotechnology Initiative, NNI）启动以来，在世界范围内就掀起了研发纳米科技的热潮，纳米制造技术作为支撑各种纳米科技发展的技术核心，被西方发达国家列为重点支持和发展的研究方向。当前，包括欧盟及其成员国、日本、加拿大、新加坡、韩国等发达国家，中国、印度和巴西等发展中新兴工业化国家，面对这一新兴制造领域，抓住机遇，相继出台了各国的纳米制造发展战略和专项计划，以此来把握未来科技、经济发展的主动权，保证国家核心竞争力的持续提升。

2017 年，全球纳米制造产品的市场产值就已经超过了 3.7 万亿美元，近年来此数据呈快速上升趋势，据美国国家科学技术委员会（National Science and Technology Council, NSTC）预测，2020 年后全球纳米技术市场规模将超过每年 5 万亿美元。面对如此巨大的商业机会和市场，如英国、法国和德国等欧洲国家每年对纳米技术的研究投入为 5 亿 ~10 亿欧元，纳米制造被列为国家重要发展的研究领域；日本、韩国等亚洲发达国家的政府部门也对纳米制造市场极为关注，投入巨资进行基础研究。各国对纳米制造增强趋势的信心有增无减，投资力度逐渐增大，相应制定了一系列的战略研究计划。通过对本国技术突破与产业扩大，如美国、澳大利亚等通过多学科融合实现纳米制造创新技术的突破，以解决现存技术难题的挑战；德国、韩国、日本等聚焦于现有纳米制造成果的有效转化，通过扩大市场，提升科技的核心竞争力。

（2）纳米制造工艺与技术发展

纳米制造作为基于物理 / 化学 / 生物原理的制造方法，主要内涵是针对纳米结构生长、加工、改性、组装等纳米尺度范围内，材料 – 结构 – 功能一体化的制造新工艺，是纳米尺度结构与器件的性能演变规律的新方法。制造科学走向纳米尺度后，制造的对象由宏观进入微观，创造了新的技术目标和判定标准。针对不同于传统制造的精度和质量要求，发展出新的制造理论和方法。纳米制造对不同学科的交叉起到了积极的推动作用，对物理、生物等基础科学研究的深入和发展，提供全新的研究条件和创新思路。近年来，纳米制造也将纳米科学的新发现、新成果成功转变为实物产品。

因此，在物理、化学等基础学科的研究成果以及信息技术进步的带动下，新兴的纳米制造已经成为一项使能技术。纳米制造不仅为基础学科能够深入到过去无法探索的纳米尺度领域提供了独辟蹊径的解决方案，也为相近的工程学科提供了独有的制造技术手段。

（3）纳米制造引导产业的发展

当前，纳米制造技术已经涉及信息、材料、环境、能源、生物医学、农业、航空航天和国防安全等众多领域核心产品的制造，对未来国家战略新兴产业的发展和国际科技地位的确立起到了重要的支撑作用。如欧盟近年来加大石墨烯等二维材料的制造与应用研究，其目的就是加强纳米制造的基础引领作用，在生物、能源等领域开辟新的战场，占领未来科技发展的制高点。

在生物医药领域，纳米制造与生物学、医药学的结合，正在迅速发展成为新兴科学研究领域的前沿和热点，必将对未来的生物技术和医药产业发展与国际化行业布局产生重大影响。纳米制造技术的发展，为生物医药领域提供了崭新的发展前景和蓬勃动力，亦推动了纳米生物医药产业的发展。

在能源领域，纳米制造技术的发展为节能减排和可持续发展目标提供了强有力的技术支撑。为传统能源材料的高效利用和低排放、新型储能和能量转换材料的开发、提高太阳能光热、光电的转化效率提供了一种技术实现手段。

在新材料领域，纳米材料的制造为传统材料的发展带来了一次前所未有的革命。纳米材料、器件所特有的光、电、热、磁等性能得到更大限度的利用和开发，促进了传统产业的升级和换代。

在信息通信领域，纳米制造的发展，为人类提供了一种以信息、软件技术之长弥补资源、能源不足之短的解决方案，为高性能、小型化、智能化产品提供了一种前所未有的创新制造手段。

美国咨询机构（U.S. Government Accountability Office，GAO）在 2016 年提交给美国国会的报告（GAO-14-181SP）中指出：纳米制造对经济的贡献度在 2025 年左右将超越半导体技术，成为经济发展的主要支柱之一。

2.2 纳米制造的国家战略需求与发展趋势

自 21 世纪初，各国政府更加清楚地认识到纳米制造的战略目标是一个长期的战略任务，政府必须予以持续、稳定的支持。作为新一代技术的创新源泉，针对纳米制造的基础研究必须得以加强，纳米制造基础研究应该上升到国家意志的高度。欧洲、美国、日本等相继制定了发展纳米制造技术的政府战略报告，共同的特点是都强调以应用为导向，整合各学科的研究力量，建立基础研究 - 应用研究 - 技术转移研究的一体化研究平台。纳米制造的新兴技术特征，给其他国家在科技领域实现跨越式发展提供了机遇。中国、巴西、印度等国家和地区都根据各自的经济和科技现状设立了相关政府计划，旨在通过推进和加速纳米制造技术的发展，增强与欧美国家的科技核心竞争力。中国近几年在纳米制造基础研究的持续支持和推动下，展现出强劲的科技发展势头，在纳米制造科技领域已经取得了越来越多的创新成果，对新兴产业发展的支撑作用越来越突出。

（1）各国发展战略对纳米制造的需求

在纳米科技创新战略的倡导者中，科技界始终秉承从纳米尺度上理解和控制物质，期望通过产业界引发新一轮的技术和工业革命。经过各国多年的政策实施，纳米技术研究的初衷基本得以实现，充分激发了政府、科技界和产业界对纳米技术持续发展的极大热情。

美国从 2014 年开始，相继出台了系列使命导向型的研究计划，白宫主要智囊、美国国防部高级研究计划局等机构与咨询公司，持续发布“纳米制造发展研究战略”“2020 年纳米制造发展前瞻”“从原子到产品的制造”“可持续纳米制造”“纳米技术引发的重大挑战：未来计算”等纳米制造战略规划，体现了纳米制造技术在纳米科技发展中的重要地位[7-12]。2017 年，在美国国家科学技术委员会（National Science and Technology Council，

NSTC）指导下，NNI 重新修订了纳米科技与技术领域的发展目标，提出了纳米制造联名计划及重大挑战项目（Nanotechnology Signature Initiatives and Grand Challenges，NSIs），将“纳米制造联名计划”（Nanomanufacturing Signature Initiatives）作为首要的发展目标，通过支持纳米制造技术与产业，实现批量级成果产出[13]。在此纲领性文件的指导下，美国国防部、美国航天局、美国标准与技术研究院、美国自然科学基金委员会等部门又相继制定了各具特色的纳米制造发展规划，期望在相关领域取得一系列新成果。

面对纳米制造前景的巨大诱惑，欧盟也不甘示弱，分别于 2002 年、2006 年和 2007 年制定了“第六框架计划”“第七框架计划”和“欧洲纳米技术发展战略”，将纳米制造技术作为纳米科技的重点发展内容之一。自 2010 年后，欧盟纳米技术战略计划开始侧重于功能材料、新能源、环境、生物医学、柔性电子等领域，并相继出台了“石墨烯旗舰计划”（2015 年）、“人脑计划”（2014 年）等跨国合作项目[14-18]。在欧盟的整体框架下，欧盟各国还制定了各自的纳米科技发展战略，如德国的“纳米技术行动计划 2015”（2012 年）和“纳米技术行动计划 2020”（2016 年）[19]，英国工程与自然科学研究理事会发起的“纳米功能材料研究计划”（2014 年）等[20]。尽管德国、法国、英国等国家的纳米科技发展战略和比利时、丹麦、芬兰等国家的战略有明显的区别，但各国均从本国科技侧重点和产业现状出发，着眼于未来纳米制造细分领域的科技地位，通过纳米制造技术的发展支撑其纳米科技的创新和突破。

在亚太地区，科技领先和经济活跃的日本，为加强纳米技术的发展，提出了若干纳米技术研发计划，将纳米技术开发列入日本“科学技术基本计划”之中，并设立了从战略上指导纳米技术发展和推进的研究委员会。近年来，日本政府以问题导向型研究为目标，致力于纳米技术的体系化发展。日本科技振兴机构发表的《2013 年主要国家纳米技术研究开发比较报告》，针对纳米技术的发展现状，指出日本未来纳米技术的发展，需要长期关注生物纳米、绿色纳米及纳米电子制造 3 个重点方向[21]。该机构于 2015 年发布的《日本纳米技术和材料研发概要与分析报告》详细分析了日本在环境与能源、健康与医疗保健、社会基础建设、信息、通讯与电子产品和基础科技领域中纳米科技的发展趋势，确定了将基础研究转化为产品是纳米制造技术的基本思路[22]。此外，2018 年日本文部科学省下属纳米与材料科学技术委员会也发布了《纳米与材料科学技术研发战略》，将纳米与材料技术作为重点推进的研发领域，提出了实现材料革命应采取的四大措施：创造能够带来社会变革的新材料；深化基础科学体系，将创新材料应用于社会；推动实验室研发向高效化、高速化、精密化发展；推进材料革命的国家具体政策[23]。

韩国在 2014 年根据国内外纳米科技发展态势和国家科技政策推进方向，发布了《第二期国家纳米技术路线图（2014—2025）》[24]。该路线图提出了发展纳米药物、高效 LED/OLED 面板照明、高性能纳米纤维、超轻纳米复合结构材料、纳米分析测量设备、纳米薄膜材料、纳米传感器、纳米能源转换器件、纳米半导体器件等 21 个技术方向，并制定了详细的发展路线图。韩国将大规模增加对纳米制造技术的投入，其比例将由目前的不足 5% 扩大到 10%，目标是在 2020 年扩大到现有投资规模的 2 倍以上，即扩大到 8000 亿韩元（约合 7.5 亿美元）。

澳大利亚科学院于 2012 年发布报告《澳大利亚国家纳米技术研究战略》[25]，希望借助纳米技术来解决重大挑战性问题，提出要实现纳米驱动的经济发展，需将纳米技术的研发机遇与国家的重大挑战性问题衔接，利用纳米制造技术，充分发挥大规模、多学科协同攻关能力，找出这些重大问题的解决方案。

2014 年，俄罗斯联邦政府批准了《俄罗斯联邦至 2030 年科技发展预测》报告[26]，确定了影响俄罗斯经济社会和科学长期发展的关键领域、俄罗斯创新技术和产品的市场前景以及各领域的研发重点。该报告指出未来俄罗斯科技发展的优先领域为信息通信技术、生物技术、医学和健康、新材料和纳米技术、自然资源合理利用、运输和空间系统、能效提高与节能，并强调要充分发挥纳米科技在各领域突破的指向作用，结合本国国情与世界纳米制造领域的优秀成果，推动俄罗斯未来 15 年各领域高效、快速发展。

（2）我国发展战略对纳米制造的需求

面对纳米科技的巨大发展前景，我国在纳米科技战略布局方面紧随美国之后，2000 年，成立了国家纳米科技指导协调委员会，并印发了《国家纳米科技发展纲要（2001—2010）》，对我国纳米科技工作做出了顶层设计。2006 年，国务院发布了《国家中长期科学和技术发展规划纲要（2006—2020 年）》，纳米科技被认为是我国“有望实现跨越式发展的领域之一”。我国政府各部委和相关机构为纳米科技提供了持续的经费支持。2006 年起，科技部组织实施了“纳米研究”重大科学研究计划；科技计划管理改革后，2016 年，科技部正式启动实施国家重点研发计划，“纳米科技”作为首批重点专项之一，持续推进我国纳米科技在重点产业领域的应用研究。中国科学院于 2013 年 4 月启动了“变革性纳米产业制造技术聚焦”（简称“纳米先导专项”），在纳米材料、纳米催化、纳米能源等领域推进纳米科技基础研究发展。2010 年，国家自然科学基金委员会正式启动实施“纳米制造的基础研究”重大研究计划，从制造角度，探索纳米制造新原理、新方法、新工艺的基础理论与关键方法 / 技术，与我国其他纳米科技计划遥相呼应，提升了我国纳米制造基础研究水平，培养了一支从事纳米制造的专业队伍，打造了一批具有世界领跑水平的研究团队，涌现出一批在国际上有影响力的领军人物。

纳米制造对我国战略需求的支撑作用主要体现在以下几个方面。

芯片制造领域。芯片制造制约我国科技整体发展中的“卡脖子”技术，对我国国防、前沿科学、先进制造、高端装备等领域具有深远影响。晶圆平坦化装备和光刻机装备是我国芯片制造“卡脖子”技术的典型代表，关键在于：直径 300 mm 的光刻机镜头，如何实现全频段型面精度优于 λ/500（即，1~2 nm）；当前国际上完全对我国实行禁运的高端 7 nm 光刻机，其难点在于，如何实现曝光平台运动精度优于 2 nm，且晶圆抛光达到 Ra < 0.2 nm。因此，突破芯片制造的“卡脖子”技术，亟需发展我国纳米制造工艺和装备。

航天观测领域。深空观测的大型望远镜系统，需要在米级幅面的光学镜面上实现型面精度优于 1 μm、表面粗糙度优于 1 nm；巡航导弹的制造精度及制导精度，是制约命中精度的主要因素。导弹的制造误差需要精确控制（误差增大 1 μm，将导致导弹偏离目标数百米）。因此，以纳米精度批量化、一致性制造为主要特征的纳米制造，将为该领域提供重要支撑。

国家战略领域。国家重大工程中的靶丸加工，在小于 2 mm 球径球壳上加工出直径数微米至十几微米的高深径比充气通孔，用于充气插管的同心沉头孔，对微孔质量（如热影响区 / 微裂纹 / 重铸层 / 孔形）要求极高。因此，以纳米精度、纳米尺度、跨尺度制造为特征的纳米制造，将支撑国家战略制造的需求，保障国家安全与国防水平提升。

生物医疗领域。我国正实施践行健康中国发展战略，作为健康中国战略的重要步骤，大力推动精准医疗是一大关键。以肿瘤为例，目前世界范围内癌症基因组学的相关研究正在加速推进，以期实现肿瘤的精准诊断和精准治疗，这需要多学科的交叉，不仅包括基因测序技术，还包括人蛋白质组、代谢组技术，甚至包括分子影像、分子诊断、内窥镜微创技术、靶向药物、大数据分析工具等。由于涉及细胞或分子层面的监测、诊断和治疗，我国纳米制造技术的发展将大大推动我国精准医疗领域的快速发展。

高端的纳米精度科学仪器领域。当前我国纳米精度科学仪器几乎全部进口，某些领域的高端仪器为 100% 进口。我国每年高端纳米精度科学仪器进口总额大于 100 亿美元，每年以 30% 的速度递增。纳米精度科学仪器，已经成为我国建设科技强国的重大制约因素。

2.3 我国纳米制造发展态势

2.3.1 我国纳米制造基础研究的发展态势

我国在纳米制造领域已成为当今世界纳米科学与技术进步的重要贡献者，是世界纳米科技研发大国，部分基础研究已经跃居国际领先水平。当前，我国纳米制造呈现如下发展态势。

我国的制造水平已经从宏观制造（毫米 / 亚毫米制造精度）拓展到微纳制造（微米 / 亚微米制造精度，部分领域达到纳米精度），制造工具从传统刀具拓展到高能束、新型制造工艺，如激光加工、机械化学抛光、自组装等，取得重大进展。

中国制造开启了纳米精度时代。芯片、光刻物镜等纳米精度表面制造精度达到 Ra 0.05 nm，达到世界领先水平；第三代纳米压印等原创制造方法正在开创工程应用。

我国纳米制造的基础研究，推动了相关领域的研究。有本重大研究计划资助的 18 项制造技术进入国家 02 专项、04 专项、0902 专项，以及仪器专项等国家重大研究计划，催生了系列科技部重点研发计划。

逐步具备了纳米制造装备的自主研发能力，在纳米制造标准制定方面开始出现中国声音。自主研发的晶圆抛光全制程装备已经进入国际主流 IC 制造生产线；自主研发的纳米压印系列装备已经应用于柔性电子等产品的批量化制造；自主研发的飞秒激光加工系列装备已经应用于我国点火工程等重点工程；形成了纳米制造 / 表征的标准 5 项，其中国际标准 1 项。

形成了学科交叉、纳米制造方向全覆盖、具有国际显著地位的纳米制造研究团队，培养了大批高层次纳米制造人才。

（1）学术研究发展态势

在多方面、多渠道的支持下，我国的纳米制造基础研究发展迅速，整体研究水平已进入世界先进行列，部分方向的研究成果居国际前沿。在基础研究方面，我国在纳米制造领域发表的 SCI 论文数量已进入世界前列，如图 2.1 所示。从图中可以看出自 2010 年本重大研究计划实施后，我国相关领域论文发表数量明显增加，整体数量略超过美国，特别是 2017 年在纳米制造国际学术期刊上发表论文达到 9654 篇，居世界第 1 位，前 1% 高引论文居世界第一。

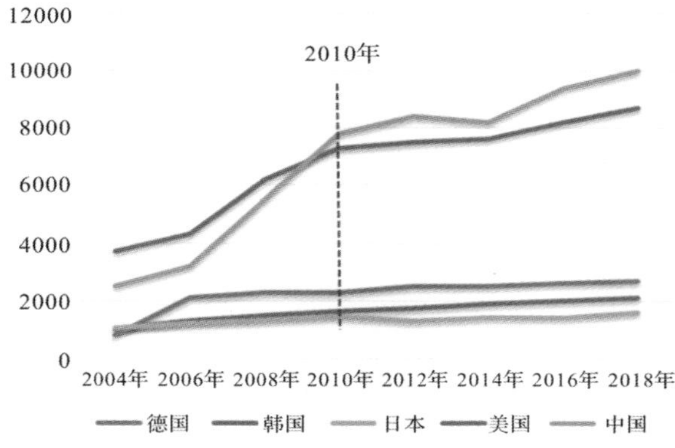

图 2.1　本重大研究计划资助下我国纳米制造领域研究论文发表情况

研究成果主要发表在与纳米制造相关的物理、化学、材料、光学和制造等学科领域的期刊上，其中，材料化学类的 *J Mater Chem*，物理类的 *Appl Phys Lett* 和光学类的 *Opt Lett* 是发表论文最多的期刊。在高水平论文方面，研究性论文主要发表在 *Nat Mater, Nat Phys, J Am Chem Soc, Adv Mater, Nano Lett* 和 *Phys Rev Lett* 等国际重要期刊上；特邀综述性论文发表的高水平期刊包括 *Chem Soc Rev, Energy&Environ Sci, Nano Today* 和 *Mater Today* 等。

（2）我国纳米制造基础研究在国际上的地位

我国在纳米制造的基础研究、应用研究等方面都具备了较强的国际竞争力，截止到 2016 年年底，我国纳米制造基础研究的贡献居世界第 2 位，仅次于美国，如图 2.2（来源：GAO Highlights of a Forum in Emergence and Implications of Nanomanufacturing，2016）。由于受到基础装备、工艺技术、科研经费、行业基础等多方面因素的影响，我国纳米技术的研究与世界顶级水平之间尚有差距，我国纳米制造加工成熟度不高，纳米制造在工业应用上有待提升。

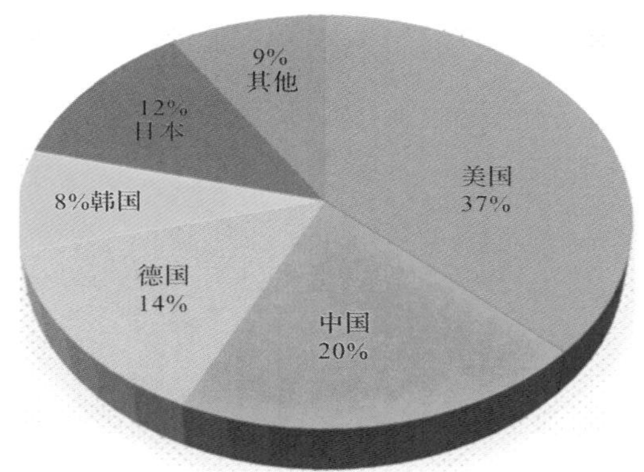

图 2.2　本重大研究计划资助下我国纳米制造领域基础研究对世界纳米制造领域基础研究的贡献

2.3.2　我国纳米制造关键技术的发展态势

（1）我国纳米制造技术及其发展态势

纳米制造是纳米科技和技术发展的必然趋势，我国科技界瞄准集成电路制造、热核聚变、新能源、超精密制造等国家重大需求，选定纳米精度制造、纳米尺度制造、跨尺度制造和纳米制造装备等，关系到我国纳米科技未来发展以典型关键基础研究领域为突破口，在纳米制造基础研究领域探索了一批原创性的纳米制造工艺与装备原理，促进了制造科学与材料、物理、化学、光学和信息等学科的交叉融合，培养了一批从事纳米制造基础研究的优秀人才，形成了以“纳米制造的基础研究”联合实验室为依托的纳米制造协同创新研究队伍，有效提升了我国纳米制造相关领域基础研究的水平，推动了纳米科技成果初步走向应用。在纳米精度制造、纳米尺度制造、跨尺度制造等方面已经取得了多项重要进展，在有关学术顶级刊物发表了有影响力的论文，也为集成电路制造重大专项、重大科学工程等国家重大战略需求提供了有力支持。

（2）技术研究知识产权发展态势

在应用研究方面，我国申请或获得授权的国内专利数量有显著增长，据统计，2015—2018 年纳米制造相关专利达到近 6300 件，约为美国的 1.5 倍，居世界第 1 位，本重大研究计划资助下专利发展趋势见图 2.3。这反映出我国纳米科技在研究开发方面达到了世界先进水平。我国的应用研究引起国际社会的极大关注，若干应用研究的成果被国际著名媒体多次介绍。

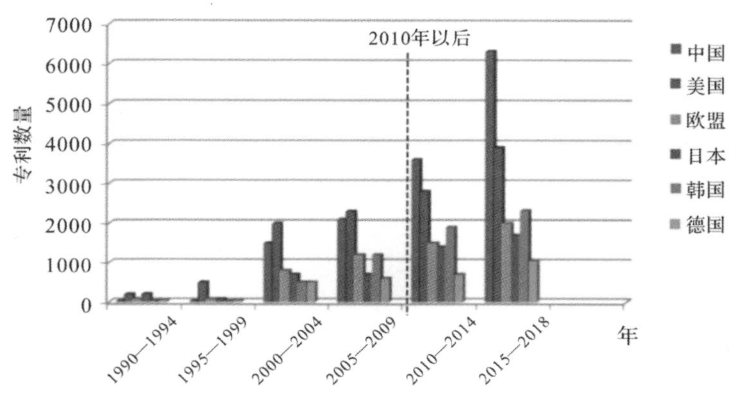

图 2.3　本重大研究计划资助下专利发展趋势

在基地建设方面，我国已先后建设“国家纳米科学中心”“纳米技术及应用国家工程研究中心”等国家级纳米科研基地。此外，还相继建立了约 40 个各具特色的地区性或行业性的纳米研究中心。特别是大学或科研机构和企业联合，建立了一些以应用为目标的研究中心。

2.3.3　项目对我国纳米制造的促进作用

本重大研究计划在实施过程中，始终瞄准国际纳米制造发展前沿，发展了原创的纳米制造新原理与新方法，致力于解决我国纳米制造的瓶颈问题与“卡脖子”技术。经过 8 年持续支持，解决了纳米制造过程中精度提升与批量制造相关的若干关键科学问题和技术难题，初步建立了纳米制造工艺与装备的理论体系和技术基础，为纳米制造的一致性和批量化提供了理论基础和技术装备支持。

在纳米精度制造方面，提出了纳米精度表面的原子级材料层状去除原理与亚纳米面型精度控制理论，实现了原子尺度极限光滑表面抛光，系统地解决了表面制造精度由纳米精度向亚纳米精度突破的共性理论问题，并应用于芯片制造、强激光反射镜制造等国家战略性领域，实现了芯片制造过程的晶圆平坦化和装备自主化。

在纳米尺度制造方面，提出了界面电荷调控的纳米压印制造原理，探索了外场诱导三维制造原理与结构自约束的纳米结构高精度可控制造原理，解决了多尺度异型纳米结构制造技术瓶颈，应用于无人机防表面结冰、太空可逆黏附薄膜等领域，有效支撑了我国相关国防军事领域的发展。该原理与方法应用于大尺寸电容触控屏、平板显示（超薄导光板）等领域，从实验室走向产业应用，形成了上下游创新链，形成和催生了我国纳米制造相关产业。

在跨尺度制造方面，提出了超快激光时空整形微纳加工新原理，建立了大幅面微纳结构制造中精度传递理论与大幅面一致性制造理论，成果应用于 193 nm 光刻机镜头组装配、航天器部段分离地面测试、国家重大工程离轴抛物面镜位姿监测等国家重大科学 / 工程中，支撑国家发展战略的顺利实施。

在纳米制造装备方面，我国在纳米制造装备方面取得了长足的进步与可喜的成果，从立项之初的整机进口，发展到当前的自主装备研制，部分核心器件实现了自主制造，研发自主装备 17 台 / 套。

第3章　纳米/亚纳米精度制造

纳米精度表面制造在极大规模集成电路制造、高精度光学制造等诸多高技术领域都有重要的应用，为国防、国民经济和科学技术的发展提供了重要支撑。以集成电路（intergrated circuit，IC）为例，高精度晶圆加工和高精度光刻物镜加工是 IC 制造的两个关键技术。对晶圆表面制造而言，特征尺寸小于 14 nm 的制程要求直径 300 mm 的晶圆表面粗糙度 Ra 达到 0.1 nm，材料厚度偏差需控制到 30 nm 量级，即直径的百亿分之一，且表面/亚表面没有裂纹、残余应力和划痕等损伤与缺陷；对光刻物镜而言，14 nm 特征尺寸的光刻工艺采用波长为 13.5 nm 的极紫外光，其光刻系统光学零件需要全频段误差控制：低频面形误差（空间周期为 1 mm 到光学零件全口径）要求达到 0.25 nm RMS，中频粗糙度误差（周期在 1 μm~1 mm）要求约为 0.2 nm RMS，高频粗糙度误差（周期小于 1 μm）必须小于 0.1 nm RMS。其他领域，如 LED 制造中的基片表面制造、高能激光器的反射镜制造等，其表面均要求亚纳米级的粗糙度（Ra 小于 0.2 nm）和纳米级的面形精度（RMS 小于 λ/50）。因此，高平整度、极低表面粗糙度、极少缺陷的光滑表面，是微电子、光电子和光学制造等领域的共同要求，特别是对于面形精度和表面粗糙度的要求接近物理极限，迫切需要纳米制造在原理、技术和方法上的突破。

以微米精度为代表的传统制造转向纳米/亚纳米精度制造时，相关理论基础将以分子物理、量子力学和表面/界面科学为主导。推进表面/亚表面损伤形成机制与控制方法、亚纳米精度表面制造中原子/分子迁移规律及对微观形貌的影响机制、宏微多尺度亚纳米精度一致收敛的生成机理及控制方法等关键科学问题的基础研究，对于揭示纳观甚至原子尺度的科学规律、推动纳米制造科学的发展具有重要意义。

3.1 原子层材料去除理论模型与方法

为了探索单原子层去除机制，清华大学纳米制造研究团队采用基于ReaxFF反应力场的分子动力学方法，模拟了抛光过程中水环境作用下氧化硅颗粒与硅材料的作用过程，揭示了硅原子以及原子层状材料的去除机制[27-31]，如图3.1（a）和（b）。通过追踪界面滑移过程中原子间的成键和断键过程，发现硅基底的硅原子主要有两种去除路径：一是基底的Si-O-Si化学键受到拉伸作用发生断键而导致的，如图3.1（c）；二是基底的Si-Si键受到拉伸作用发生断键而导致的，如图3.1（d）。研究成果为表面加工的材料去除精确控制提供了理论基础[32]。

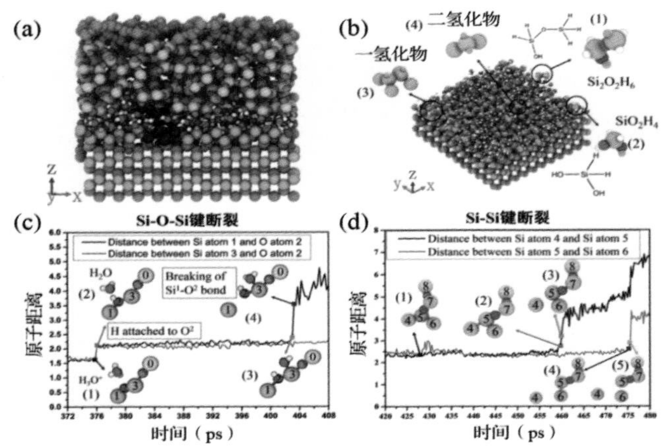

图3.1 硅原子以及原子层材料的去除机制

（a）ReaxFF反应力场的分子动力学模型；（b）表面反应生成物；（c）硅原子去除路径一：Si-O-Si键断裂；（d）硅原子去除路径二：Si -Si键断裂

纳米加工过程中实现原子级精度的超精密制造对开发纳米电子器件的独特功能至关重要。理论上讲，半导体晶圆材料的加工极限为单原子层去除。以往传统的加工方法，如金刚石切削，以及后来发展的光刻技术均无法达到该加工极限。尽管原子层刻蚀技术或聚焦离子束辅助光刻技术可以实现原子级精度加工，但会带来表面化学污染或加工表面缺陷等问题。

西南交通大学与清华大学纳米制造团队合作，通过量化实验研究探明单晶硅原子级材料的层状去除规律，量化单晶硅表面原子迁移的能量阈值，在此基础上首次基于扫描探针技术在不具有层状解理面的单晶硅材料表面实现了极限精度加工，即单层硅原子的可控去除，如图 3.2（a）和（b）[27,33]。该方法不需要掩膜，无化学腐蚀，在普通潮湿环境下就可利用摩擦化学反应直接加工。与传统机械加工中材料的磨损、断裂和塑性变形不同，单晶硅原子级材料的摩擦化学去除主要归因于滑动界面间原子键合作用下基体硅原子的剥离。因此，原子层状材料去除后的次表层晶体结构保持完整，无滑移或晶格畸变等缺陷产生，如图 3.2（c）和（d）[34,35]。在该研究中，通过高分辨透射电镜观测给出了单晶硅材料原子层状去除的直接证据，并结合分子动力学模拟揭示了硅原子的摩擦化学剥离机制。晶圆材料的层状去除源于滑动界面原子键合作用下基体表面硅原子的剥离。在晶圆材料层状去除过程中，机械作用降低了 Si-Si 化合键断裂的能量势垒，因此在摩擦诱导下接触界面间原子的反应速率与接触压力满足原子去除模型，即阿伦尼乌斯方程[27]。

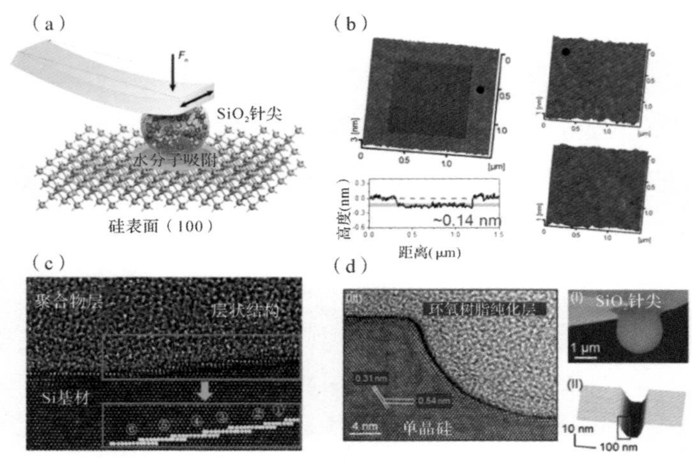

图 3.2　单晶硅原子层状去除

（a）示意图；（b）单晶硅（100）表面单原层去除的 AFM 形貌图；（c）单晶硅材料层状去除的 TEM 表征结果；（d）摩擦化学去除无损伤

基于摩擦化学作用实现晶圆材料单层原子可控去除的相关研究受到国际广泛关注。美国科学促进会及其会刊 *Science* 的新闻平台以“A simple method etches patterns at the atomic scale（一种在原子尺度上蚀刻图案的简单方法）”为题进行了专题报道，同时被美国化学学会、德国期刊 *MRS Bulletin* 与美国摩擦学者和润滑工程师协会等在其官网上进行转载和报道。国际著名期刊 *Tribol Lett* 主编 Nicholas Spencer 教授（瑞典工程科学院院士）和前主编 Wilfred Tysoe 教授联合撰文以“摩擦化学调控原子拓扑学”为题进行报道，并评价该方法为“在晶圆表面实现了单原子层深度刻蚀的精准控制，可对其他科学领域产生重大影响”。

基于以上原子层材料去除机理研究，大连理工大学超精密加工技术研究团队针对晶圆减薄中如何减少缺陷、降低损伤层厚度和提高减薄效率的难题，提出了单颗粒金刚石纳米切深高速划擦试验方法，研制了单颗粒金刚石纳米切深高速划擦装置及具有纳米曲率半径的单颗金刚石工具，实现了单晶硅表面的纳米切深高速（>30 m/s）划擦，获得了深度由 0~1 μm 连续变化的超长划痕（长深比 >10^5），如图 3.3；揭示了磨削过程中单晶硅的脆—延性转变及表面 / 亚表面损伤的演变规律，提出了单晶硅延性域加工的判定方法，建立了单颗磨粒延性域切削单晶硅的亚表面损伤深度模型，确定了实现单晶硅有效去除和延性域去除的临界加工条件 [36-40]；通过分析单颗金刚石磨粒切削和砂轮磨削的关联关系，以及磨削过程中砂轮、磨粒和工件之间的相对运动，确定了砂轮磨削时磨粒切削深度与工艺参数和砂轮特性参数的关系，建立了金刚石砂轮磨削时磨粒切削深度模型和硅片磨削表面损伤深度预测模型，提出了在加工效率和表面损伤深度约束下的砂轮特性参数以及磨削工艺参数选择方法 [41-45]。研究发现在磨屑产生的初始位置，亚表面仅含有 30~50 nm 的非晶层，确定了金刚石砂轮超精密磨削单晶硅的理论极限损伤深度，研制了两种新型单晶硅片低损伤磨削砂轮和硅片超精密磨床，实现了损伤深度分别小于 15 nm（氧化铈软磨料砂轮，材料去除率 1 μm/min）和 48 nm（氧化铈金刚石复合砂轮，材料去除率 10 μm/min）的单晶硅片磨削，表面 / 亚表面质量及材料去除率达到了国际同类产品的先进水平 [46-48]。

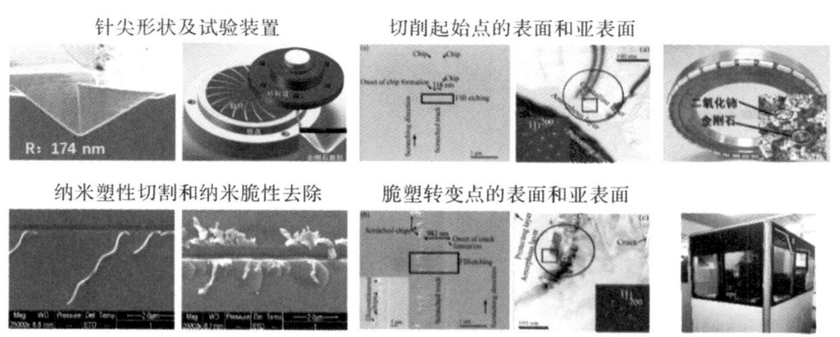

图 3.3　单颗金刚石纳米切深高速划擦试验方法及研制的新型砂轮和硅片超精密磨床

清华大学纳米制造研究团队通过化学机械抛光技术实现了原子尺度极限光滑表面抛光。针对蓝宝石、SiC 等硬脆材料，表面可抛光至原子级台阶形貌开始出现，台阶高度分别为 0.22 nm 和 0.25 nm，如图 3.4。经过理论计算，台阶高度与理论仿真的原子层厚度一致，说明抛光获得的表面粗糙度已接近物理极限。针对硅衬底材料，通过优化磨粒粒径获得了 Ra 0.05 nm 的超光滑表面 [49]，并推广确立晶圆级深亚纳米粗糙度表面制造的工艺原理，建立了实现大尺寸表面一致和深亚纳米表面粗糙度的加工工艺方法，应用于再生晶圆制造领域。

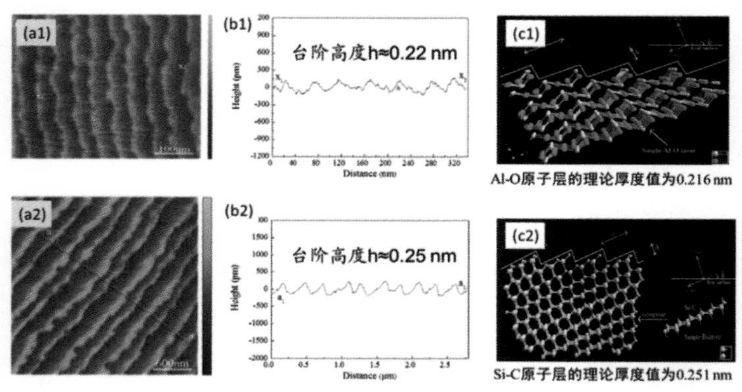

图 3.4　超光滑表面抛光台阶形貌

（a1~c1）蓝宝石衬底；（a2~c2）SiC 衬底

3.2　纳米精度制造的重要工程应用

国防科技大学超精密加工团队研究了亚纳米面形精度控制理论，形成了全频段亚纳米精度误差收敛的方法，实现了光刻物镜全频段误差优于 0.3 nm [50,51]。研究了工具特性 [52,53]、微区材料特性 [54,55] 对亚纳米精度表面生成的影响规律，建立了去除函数非线性模型与驻留时间补偿算法 [56,57]，如图 3.5（a）、（b）和（c）。这揭示了离子溅射过程中原子 / 分子材料去除、流动与添加的共生机理，实现了亚纳米面形精度加工和超光滑表面加工 [58,59]。这应用于自主研发的工艺设备中，实现了全频段误差低频 0.27 nm RMS，中频 0.124 nm

RMS、高频 0.088 nm RMS，如图 3.5（d），解决了光刻机镜头元件加工的难题。中国科学院长春光学精密机械与物理研究所研制出亚纳米精度离子束抛光和光顺抛光成套装备，如图 3.6（a）和（b），应用于 193 nm 光刻曝光系统光刻物镜的加工，顺利加工出低频优于 0.5 nm RMS、中频优于 0.3 nm RMS、高频优于 0.2 nm RMS 的亚纳米精度光刻物镜。应用于 2017 年国内首套 NA0.75-ArF 光刻投影物镜的研制，经整机曝光工艺验证测试获得了优于 85 nm 的光刻分辨率，突破了制约我国高端光刻机发展的核心技术瓶颈，如图 3.6（c）。

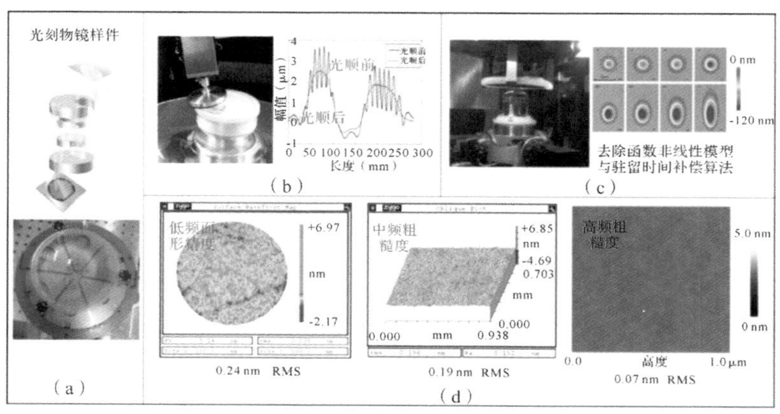

图 3.5 光刻物镜全频段亚纳米精度组合工艺

（a）光刻物镜试样；（b）光顺抛光；（c）离子束修形；（d）全频段面形误差结果

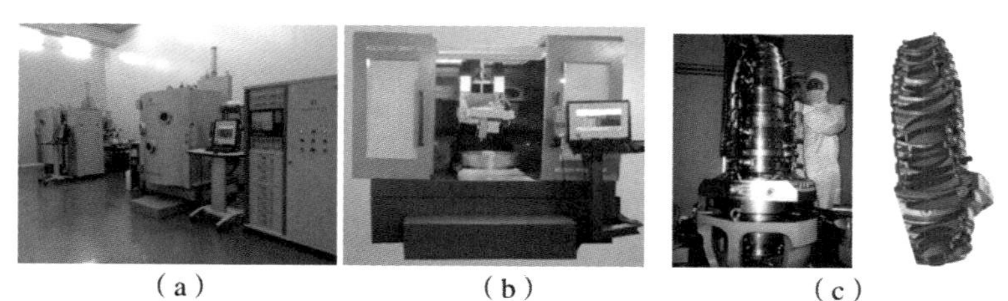

图 3.6 亚纳米精度成套加工装备

（a）亚纳米精度离子束抛光成套装备；（b）光顺抛光成套装备；
（c）加工装调后的 NA0.75-ArF 光刻投影物镜

针对 45 nm 以下浸没式光刻技术，浙江大学团队研究了影响其曝光分辨率、产率与良率的关键流体行为及控制方法，在浸没流体界面行为及其控制、气液两相回收流态及其调制、浸没流场分布形态检测与污染物控制等方面取得了一系列创新成果，如图 3.7。以此为基础，开展了浸没式光刻机四大核心部件之一的浸液系统研制工作，制备了超洁净的浸没液体，并控制其填充于末端物镜和硅片之间，起到流动的一次性液体镜头作用，从而有效提高了光刻机的数值孔径与曝光分辨率。目前，浸液系统样机关键性能指标已获突破，扫描速度达到 600 mm/s，有效去除 50 nm 以上气泡，浸没液体 TOC 控制在 1 ppb 以下。该成果正在国家 02 专项支持下，开展 28 nm 浸液系统产品研制与能力建设工作。

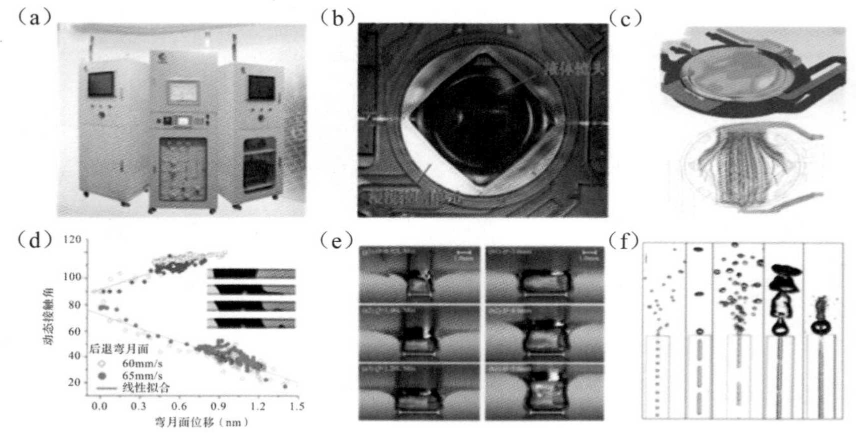

图 3.7 光刻机浸液系统研制

（a）浸液处理与输控系统；（b）浸没控制单元；（c）浸没流场控制；（d）表面残留液膜控制；（e）气刀密封界面稳定性控制；（f）浸没头气液回收振动控制

3.3 纳米精度制造的工艺装备

为扭转我国纳米精度制造装备长期受制于人的局面，在本重大研究计划的支持下，围绕“纳米精度制造”这一主题提前布局，通过部署培育、重点支持、集成等多种形式支持了一批相关研究项目，取得了以化学机械抛光（chemical mechanical polishing，CMP）装备为代表的一系列相关技术和装备储备。清华大学纳米制造研究团队开发了以表面亚纳米精度制造理论为基础的化学机械抛光（CMP）装备，并应用于集成电路大生产线。在攻克了多区压力控制、终点检测、晶圆传输、后清洗等多项关键技术后[60-62]，研制了国内首台 12 英寸“干进干出”CMP 装备整机。通过科研成果转化，成功推出 Universal-300 系列等商业机型，先后进入中芯国际、英特尔、长江存储等国内外先进集成电路大生产线，如图 3.8（a）和（b），截至 2019 年第二季度，累积实现 10 多台 12 英寸 CMP 设备销售，量产晶圆超过 80 万片，价值超过 4 亿美元。通过了 STI、W、Cu、TSV、3D NAND、Si 等多种前道和后道关键 CMP 工艺验证，可满足 28~90 nm 技术节点的工艺要求，打破了国外垄断，有效解决了芯片制造中抛光装备受制于人的问题。

图 3.8 化学机械抛光装备应用情况

（a~b）化学机械抛光装备应用于中芯国际集成电路生产线；
（c）清华大学课题组 CMP 装备入选“国家十二五科技创新成就展”

第 4 章　宏微纳跨尺度结构一致性制造

纳米技术广泛渗透于信息、光电子、材料、环境、能源、生物、医学和国防安全等众多领域。纳米结构是几乎所有纳米器件 / 产品 / 系统的功能化载体，其成形原理与方法是纳米制造的研究重点之一。以平面透镜为例，厚度仅为 1 μm 的透镜，可将任何偏振态的各色光波聚焦于一点，成像性能与一流的复杂透镜系统相当。平面透镜的功能载体是其纳米结构，主要特征为：特征尺度为数十纳米以下的“超像素”结构；纳米结构的材料为功能化材料，如 TiO_2 等光电材料；器件或系统级的尺度可达数十毫米以上，保证大幅面一致性与形貌精确性。因而，纳米结构制造的发展，不只是停留在牺牲材料（即加工过程中的工艺辅助材料，例如光刻胶等）的纳米尺度结构几何成形，而是针对各种特定的功能材料（即器件或系统的最终工作介质），例如光学聚合物、金属、低维纳米复合材料、半导体等，能直接或经过最短的工艺链，在器件或系统级尺度的面积范围内，形成具有所希望的物理 / 化学特性的纳米结构。作为纳米制造核心工艺之一的“纳米结构压印成形”技术，还需具有良好的效率、经济性、一致性、普适性。

4.1 电场驱动纳米压印原理与方法

纳米压印采用机械制造领域模具复形的概念制造纳米结构，是大幅面纳米尺度结构制造的典型技术，具有低成本、高效率、高分辨率的优势，在微电子、光电子以及特征结构与构件中具有广阔的应用前景。常规纳米压印技术，如热压印、紫外压印，采用机械载荷附加流体压力的方式实现模板腔体的填充，当结构尺寸缩小时，结构腔体的表面积与体积之比显著增大，填充过程克服壁面阻力所需要的外部载荷急剧上升，较大的压印力会引起装备系统和模具结构变形、图形结构缺陷、精度失真等多方面的问题，给纳米结构的高精度制造带来严重挑战，已被国际器件与系统技术路线图列为制约纳米压印产业化应用的核心瓶颈。为了突破纳米压印的技术瓶颈，西安交通大学研究团队提出了电场驱动纳米压印原理与方法，实现了液固界面电场调控的填充增效、多物理场协同控制的微观控形、微纳结构电场驱动的成形控性，从原理上突破了纳米压印的技术瓶颈。

4.1.1 液固界面电场调控的近零压力填充原理

浸润性是影响填充性能的关键因素。压印模板通常具有低表面能的特性，其目的是为了减小纳米结构与模板之间的脱模黏附力，然而这种低表面能特性往往使填充材料在模板表面处于非浸润性状态，由此引起的表面张力附加压强、液固界面阻力等表界面效应阻碍了流变填充。西安交通大学研究团队提出利用固液界面润湿特性的电场调控（即电润湿效应），降低液固界面张力系数，提高填充能力。然而当电压增加到一定程度后，润湿接触角变化不再遵循 Young-Lippmann 理论，呈现接触角饱和状态，严重制约界面润湿性能的电场调控。学术界已从热力学、电磁学等多个角度猜测接触角饱和现象的内在机制，提出多种接触角饱和机制的假设，但至今缺乏直接证据，更缺乏能够突破接触角饱和的途径[63]。

该研究团队采用“冷冻电镜”式的实验方法，将液固界面固化冻结为固固界面，消除液体流动对液固界面特性的影响，通过固固界面直接分离研究润湿界面的原始表面特性，如图 4.1（a）。采用该实验方法，在润湿界面发现了电荷注入的直接证据，发现了受限电荷是导致接触角饱和的内在机制，即受限电荷通过屏蔽外电场阻碍了接触角随电压的持续减小，形成了电润湿的饱和现象。通过调控界面受限电荷，提出了一种超浸润状态的电场调制方法，将受限电荷的屏蔽效应通过电场极性的瞬态切换，逆转为电场叠加增强效应，突破了接触角饱和的限制，如图 4.1（b）。相关理论与方法以封面论文形式发表在 *Adv Mater*[64] 上，被认为：电润湿技术在工业领域应用广泛，然而传统的接触角饱和限制了其性能，该研究团队提出了一种利用界面电荷突破接触角饱和极限的新方法。

利用流体在电场作用下的超浸润特性，该研究团队建立了电场驱动的微纳结构腔体填充方法。该方法通过流体在气 / 液 / 固三相交界线处沿壁面不断爬升的超浸润效应，在模板腔体内获得了呈下凹形状的气液界面[64]，将壁面作用和气液界面表面张力逆转为填充动力，如图 4.1（c）。由于常规纳米压印的填充阻力主要来源于固液界面阻力和气液界面表面张力，且随尺度降低，其阻力显著增大。因此，上述表界面作用的逆转实际上是将制约填充的尺寸效应变为有利于填充的尺寸效应，从原理方法层面解决了纳米结构腔体填充的难题。该团队进一步阐明了导电模板表面介电层的电学特性参数（厚度、介电常数等）、填充材料的特性参数（粘度、介电层常数）等对工作电压的幅值、频率、波形、占空比等的依赖关系，丰富了电场驱动纳米压印的工艺参数体系，实现了纳米尺度结构（最小线宽 15 nm）、高深宽比结构（深宽比大于 10）以及跨尺度结构的制造。

与国际上常规的纳米压印方法相比较，电场驱动的纳米压印方法从界面润湿特性的电场调控机制入手，完全摒弃了常规压印填充过程依赖外部载荷的传统思路，消除了机械载荷对成形过程的影响，为高精度结构、高深宽比结构和脆性衬底表面结构的近零压力制造提供了理论基础[65]。该原理与方法被国际学者认为是发现了液固界面的电荷受限机制，突破了电润湿的接触角饱和极限，有效加速了流体对腔体的填充，其高深宽比结构制造能力突破了平面器件性能的限制[66-69]。液固界面电场调控的填充增效理论与方法解决了纳米结构压印制造中的高保真复形、功能材料完型填充、脆性结构表面近零压力压印成形等基础难题，有效推动了纳米压印由实验室走向工程应用。

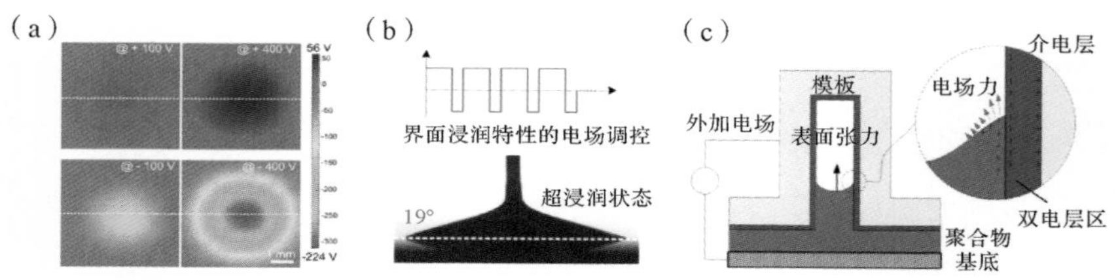

图 4.1 固液界面电场调控的“近零压力填充”理论与方法
（a）电润湿中的界面电荷分布；（b）界面润湿特性的电场调控；（c）电场驱动填充示意

4.1.2 多物理场协同控制的微观控形方法

流体的介电泳动特性为复杂微纳结构制造提供了可能。在理想条件下，控制流体表面的电场分布状态，即可获得相应的结构。然而，与理想状态不同，薄膜流体表面通常存在微观扰动，这种微观扰动严重影响薄膜流体在电场作用下的形貌演变，增加了流变控制的难度。如何抑制、消除微观扰动对结构演变行为的影响，是实现控形制造的前提和关键。

西安交通大学研究团队发现了均匀电场作用下薄膜流体各扰动分量的演变机制，观测到了特定扰动波长的电场增强现象，阐明了薄膜扰动单一波长增强的内在规律；发现了空间结构电场对薄膜流体微观扰动的调控机制，阐明了空间电场平均分量和调制分量对薄膜流体流动的竞争关系，建立了微纳结构形貌演变的空间电场强－弱调制准则，实现了微观扰动各分量的全面抑制，消除了微观扰动对流变成形过程的影响[70]，如图 4.2（a~b）。电场对流体扰动的增强和抑制机制的发现，为复杂结构电致流变成形奠定了理论基础。

以电场对薄膜流体的控制规律和模板约束特性为基础，该团队建立了模板、电场及其协同控制的异型微纳结构制造方法。在复杂结构完型填充的基础上，将消失模注塑的概念引入复杂结构的压印控形制造领域，建立了一种可精确定义复杂微纳结构形貌的规模化制造方法[71]；利用微结构化的导电模板增强了空间电场的调制分量，抑制了热扰动波对液膜流变成形过程的影响，实现了多种复杂异型微纳结构的精确、批量化控形制造[72,73]；利用电场对微纳腔体内的气液界面作用力的不均匀性，实现了气液界面曲率的精确调控[74]，如图 4.2（c）。

与国际上常规的纳米压印方法相比较，该团队提出的多物理场协同控制的微观控形机制，从电场对流体流变行为的作用机制出发，构建了模板、电场及其协同控制微纳结构微观形貌控制方法体系，突破了常规压印技术结构形貌单一的难题，为异型微纳结构的规模化制造提供了创新途径，拓展了纳米压印的成形能力。这被国际同行认为具有实现多种创新结构制造的能力，是一种能够有效控制结构形貌和尺寸的创新方法，解决了高精度三维结构制造的挑战，可规模化制造是该方法的核心[75-78]。

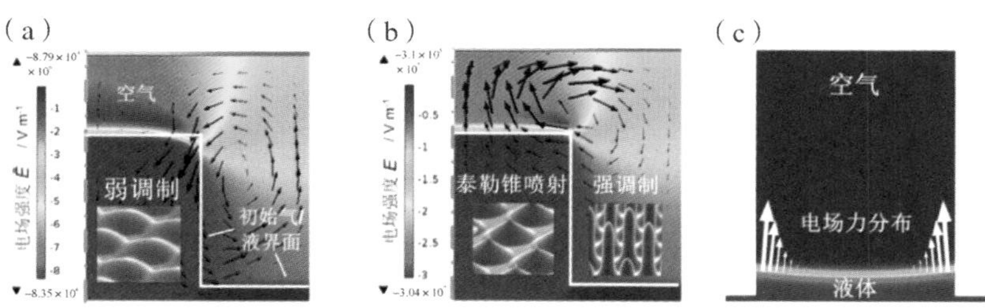

图 4.2　多物理场协同控制的微观控形机制

（a）空间电场对毛细扰动的弱调制机制；（b）空间电场对毛细扰动的强调制机制；（c）微腔体内的气液界面形貌控制机制

4.1.3 微纳结构电场驱动的成形控性机制

在结构成形的同时调控材料内部的晶相结构、分子取向等材料性状是制造技术中极具挑战的难题，也是制造学科追求的极致目标。2009 年，*Nat Mater* 上报道了一种利用压印填充剪切流变效应来制备分子链定向排列的铁电纳米结构的工作，开启了纳米压印成形控性制造功能纳米结构的尝试 [79]。然而，常规纳米压印难以满足特种功能结构成形控性制造的实际需求：首先，大尺寸结构填充时剪切流变效应较弱，需要二次处理才能达到材料性状要求，多步工艺增加了制造的复杂性；其次，降低结构尺度可增强剪切效应，但小尺寸结构不但填充困难，也限制了器件设计的可选择性。因此，在较大尺寸范围内实现微纳结构的成形控性制造是纳米压印的重要挑战。

为突破纳米结构成形控性制造的基础理论问题，西安交通大学研究团队系统研究了电驱动填充过程中的功能材料性状演变规律，揭示了流变过程中外加电场对功能材料分子取向的作用机制 [80]，发现了在模板约束与电场极化耦合作用下功能材料内部组分的择优取向特性 [65, 81]；利用模板约束与电场极化效应，建立了功能结构的成形控性压印方法，实现了结构成形与结晶取向的统一 [65, 80, 81]。该方法突破了传统压印过程对结构尺寸的限制，为特种功能结构的直接压印制造奠定了理论基础，如图 4.3（a）。

西安交通大学研究团队采用电驱动成形控性方法，原位实现了聚合物压电材料结构内部 β 晶相的取向增强，解决了高性能压电器件原位成形控性制造的难题，将柔性传感器灵敏度提升近一个数量级，如图 4.3（b），制备的阵列化传感器能快速检测动态力轨迹、实时显示应力状态分布，如图 4.3（c~d）。流体的电致润湿特性还为特种功能结构的原位封装提供了可能，在功能结构控形控性制造的同时，利用电润湿效应原位实现了压电微结构与功能电极的可靠连接，解决了压电传感器封装过程中传感结构与电极电连接不稳定、易磨损等稳定性难题，为高性能柔性传感电子的制造提供了新途径[80]。相关工作入选 *Small*、*Nanoscale* 和 *J Mater Chem C* 等杂志封面论文、英国化学学会的热点论文，并被 Wiley 出版社做视频摘要介绍，被认为是令人惊奇的实验结果。电场驱动纳米压印方法引起了国内外专家的广泛关注，被认为是功能器件制造的创新途径，具有原位控性能力，显著提升了器件性能[82-84]。微纳结构电场驱动的成形控性原理与方法解决了微纳功能结构成形控性制造难题，为高性能传感器、三维曲面传感电路的原位制造提供了理论支撑。

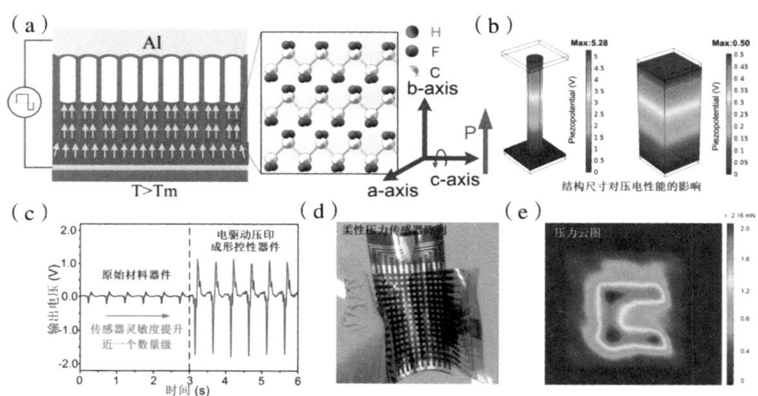

图 4.3　微纳结构电场驱动的成形控性原理与方法

（a）电驱动纳米压印成形控性示意；（b）电驱动纳米压印将传感器灵敏度提升近一个数量级；（c）阵列化柔性压力传感器实物；（d）阵列传感器压力云图；（e）曲面结构原位制造结构功能一体化力 / 热感知单元

西安交通大学研究团队从流变填充过程的表界面调控机制出发，围绕纳米压印过程的电场调控原理与方法，发现了固液界面电荷对流体润湿特性和填充行为的影响机制，阐明了多物理场约束的微观结构形貌控制方法，揭示了电场驱动成形过程中功能材料分子链的原位择优取向规律，最终形成了近零压力填充、微观控形和结构成性 3 个维度环环相扣的电场驱动纳米压印方法体系，建立了第三代纳米压印理论模型与方法，解决了制约纳米压印填充、控形、成性的三大难题，将纳米压印推向纳米结构精确制造、控形制造和成性制造的新高度，为纳米压印真正走向工程应用提供了原理与方法保障。

4.2 半导体材料的电化学纳米压印原理与方法

纳米压印技术能够大面积复制高精度微纳米结构，由于具有超高分辨率、高通量和低成本等优势，是一种极具潜力的产业化技术。然而，常规纳米压印技术主要适用于热塑性和光固化材料的压印成形，一般需要后续的图形转移实现集成电路、微机电系统（micro-electro-mechanical system，MEMS）、光伏、光电子等产业的半导体晶圆材料的纳米结构化，图形转移过程涉及湿法和干法刻蚀等，成本高，工艺复杂。为了实现半导体材料的直接压印，厦门大学研究团队将接触电势诱导的局域电化学腐蚀原理和纳米压印的工作模式结合，提出了基于接触电势诱导半导体局域腐蚀原理的电化学纳米压印技术（electrochemical nanoimprint lithography, ECNL），通过电化学腐蚀的去除方式，直接在半导体晶圆表面加工三维微纳结构，无须使用热塑性或光固化介质，同时具有精度高、效率高、可批量制造等优点。为了提高 ECNL 的加工精度、加工效率和材料适用范围，进一步发展了物理外场协同调制技术，形成了一种新型纳米压印微纳制造方法，对于半导体材料的功能化、器件化及其批量制造应用具有重要意义。

4.2.1 接触电势诱导的电化学腐蚀原理与方法

常规纳米压印光刻涉及纳米图形向半导体材料转移刻蚀的过程，其中反应离子刻蚀等工艺，易造成刻蚀结构的表层和亚表层损伤[85]。激光辅助纳米压印技术通过高功率脉冲激光迅速融化 Si 晶圆表面，并使用石英模板高压力成形，可以在 Si 晶圆表面上直接制备微纳结构，但仅能得到浅纹结构，且不适用于脆性和柔性材料[86]。准固态和固体电解质的电化学印章技术亦可实现半导体结构的直接成形，但受到凝胶或者超离子导体电解质材料及其适用的金属工件材料的限制，而且在加工精度、效率和可控性等方面存在着亟待解决的技术问题[87, 88]。发展一种无须光固化、热塑性介质，无须任何辅助工艺，在常温常压环境下，直接在半导体功能材料表面进行大幅面 3D 微纳结构的批量制造技术，一直是极具挑战的难题。

为此,厦门大学研究团队提出了半导体材料的电化学纳米压印方法[89, 90]。根据固体物理学的基本原理，在达到热力学平衡态时，任意接触的两相电子 Fermi 能级相等；然而，由于两相电子逸出功的差异，界面处会发生电子转移，从而在两相界面处建立接触电场和接触电势。如图 4.4，将表面沉积金属 Pt 纳米薄膜的 PMMA 三维微纳结构模板压在半导体 n-GaAs 工件表面（图 4.4（a）），并保持一定压力（0.5 atm）以形成有效接触（图 4.4（b））。由于两者电子逸出功的差异，n-GaAs 侧的电子将转移至金属 Pt 侧（图 4.4（d~e））。界面 Pt 侧的电子积累将使 n-GaAs 侧电子迁移的势垒增高，直至两相的电子费米能级相等并最终达到热力学平衡。此时，金属 Pt 与 n-GaAs 界面处形成接触电场，建立接触电势，其中界面 Pt 侧荷正电，n-GaAs 侧荷负电。在 H_2SO_4 和 $KMnO_4$ 溶液中，MnO_4 将转移 Pt 侧电子而发生阴极还原反应，进而促使 n-GaAs 侧的电子继续向 Pt 侧转移，n-GaAs 侧则由于空穴累积而发生阳极溶解反应[29]，从而完成整个腐蚀原电池反应：Pt 阴极；n-GaAs 阳极。

随着腐蚀反应的进行，一旦 Pt 和 n-GaAs 失去有效接触，该腐蚀反应立即终止。因此，接触电势诱导的 n-GaAs 腐蚀反应严格地、自发地沿着 Pt/n-GaAs/ 电解质溶液三相界面进行，只须形成有效接触，无须任何外部能量注入。其加工精度取决于 n-GaAs 腐蚀反应的速率和空穴在 n-GaAs 表面的扩散系数（$\delta = (D/k)^{1/2}$，D：空穴的扩散系数，k：腐蚀速率），理论上不超过空间电荷层的德拜长度[89]。

由于反应的发生需要有效的接触力，西安交通大学研究团队与厦门大学研究团队联合提出了采用纳米压印的工作模式，验证了接触电势诱导的半导体局域腐蚀原理在半导体晶微纳加工中的应用，以 MnO_4^- 为电子受体，在 n-GaAs、 p-GaAs、 p-GaP 和 n-Si 等半导体晶圆表面加工出三维微纳结构（图 4.4 （f）），从而提出并发展了电化学纳米压印技术 [91, 92]，相关工作发表在 *Chem Sci*、 *Nanoscale*、*Electrochem Commun* 等杂志上，研究论文入选英国皇家化学会旗舰期刊 *Chem Sci* 2017 年度中国新年特辑；入选英国皇家化学会旗舰期刊 *Chem Sci* 2019 *HOT Article Collection*。国际上多个研究团队对半导体材料的直接压印技术进行了追踪研究，引起了国际同行的广泛关注和认可。

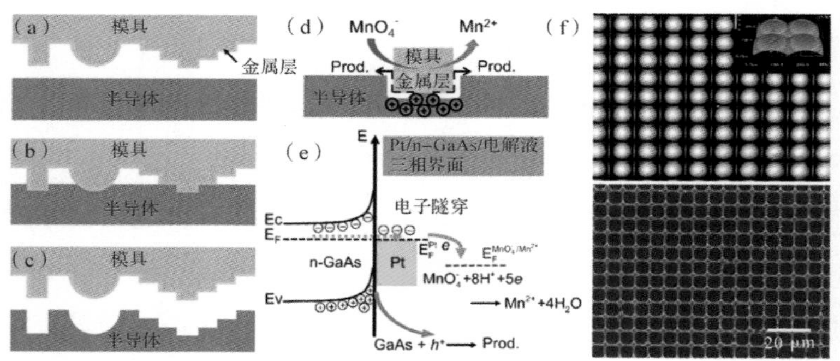

图 4.4　电化学纳米压印（ECNL）原理示意（a~e）及半导体三维结构的直接压印（f）

4.2.2　电化学压印的电场、光场和力场协同调制原理与方法

电化学微纳制造的关键科学问题是将电化学反应约束在微纳尺度的区域之内，其技术难题是实现大幅面、超薄电解质液层内部的物质传递和电势分布问题。近年来，围绕约束刻蚀这一关键科学问题，厦门大学研究团队发展了一系列基于力、光、电等物理外场调制技术，能够更精确地调控电化学反应速率和空间分辨率，提高了电化学纳米压印技术的加工精度和

加工效率，拓宽了其适用材料，逐渐完善了这一新型纳米压印微纳制造方法。

光场加速的电化学纳米压印是基于半导体的光电效应原理，即当半导体晶圆被光场辐照时，价带电子受激跃迁到导带，分别在价带和导带上产生空穴和电子，增强半导体和 Pt 金属化的模板电极之间的接触电场，提高 Pt/ 半导体界面的接触电势，从而加速了半导体的电化学腐蚀速率。如图 4.5，当 Pt 与 n-GaAs 接触时，在 n-GaAs 的背面引入光场辐照，注入的光能大于 GaAs 的禁带宽度 Eg 时，n-GaAs 吸收光子产生电子空穴对，提高金属 / 半导体界面的接触电势，从而增大了 Pt/ 溶液界面和 n-GaAs/ 溶液界面的极化，加速了 n-GaAs 的腐蚀速率 [93]。在光照条件下，n-GaAs 三维微结构的电化学压印效率提升了 2 倍以上。

厦门大学研究团队进一步解释了电化学纳米压印技术中的力场调控屈曲效应。由于 Pt 金属化纳米薄膜和 PMMA 微纳结构模板弹性模量的差异，在力场作用下发生应力失稳而产生各种有序的屈曲图案，通过约束刻蚀，可将屈曲效应产生的微纳多级结构复制到半导体晶圆表面。如图 4.5（c），首先通过磁控溅射在 PMMA 凸半球模板表面溅射 100 nm 厚的 Pt 导电层，形成有弹性模量差异的双层结构，然后在模板电极与工件之间施加恒定的接触力。此时，模板电极上的双层结构顶端受到压缩应力，应力由顶端沿凸半球传至弹性基底。当压缩应力超过结构所具有的临界屈曲应力时，根据能量最小原理，模板表面通过屈曲褶皱的方式释放内部应力，并在凸半球上形成同轴纳米圆环褶皱图案（图 4.5（d））。之后加入优化的约束刻蚀溶液体系，并在模板电极上施加一定的电位来产生刻蚀剂，模板表面产生的褶皱图案即可通过约束刻蚀剂层技术高保真度地复制到工件表面（图 4.5（e））。随着刻蚀的不断进行和模板电极的不断进给，最终在工件表面得到分布在凹半球表面的多级同轴纳米圆环（图 4.5（f））。该方法即为电化学屈曲加工，通过电化学屈曲加工方法，可在半导体表面加工得到特征尺寸小于 50 nm 的微纳多级结构 [94]。

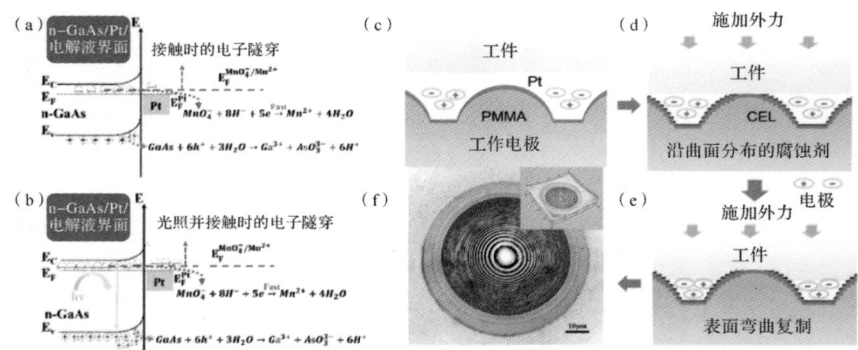

图 4.5 （a）暗态与（b）光照条件下铂压印模板和 n 型砷化镓接触时的三相界面能级；（c~e）电化学屈曲微加工过程示意；（f）加工得到的多级同轴纳米圆环结构

4.3 大幅面纳米尺度结构的压印制造装备

纳米结构是光电子器件的功能化载体，规模化制造出具有特定材质、尺寸、形貌、周期分布的微纳米结构，是推动微纳米电子器件发展的关键。纳米压印具有低成本、高精度等优势，为大幅面纳米尺度结构的制造提供了良好的技术支撑，但不同的微纳结构制造对纳米压印技术提出了不同的制造需求，例如多尺度结构制造、宏量制造、面向非平坦衬底的制造等。为此，西安交通大学、苏州大学研究团队提出了气电协同控制纳米压印光刻原理，开发了通用制造装备，解决了晶圆级非平衬底表面 / 脆性衬底表面纳米图形化难题；开发了纳米结构宏量制造的卷对卷连续辊压印装备，实现了超长、超精密计量光栅、超薄导光板、柔性透明导电膜的规模化制造。大幅面纳米尺度结构的压印制造装备，推动了纳米压印由实验室走向工程应用。

4.3.1 卷对卷连续辊压印装备

纳米压印技术以其高效率、大面积、高分辨率、低成本的特性，受到学术界和产业界的广泛关注，并应用于集成电路、光电子器件、能源存储等领域。为了适应工业化生产所需的连续压印和高产量需求，科研工作者将纳米结构制备在辊筒上，使压印与脱模连续交替进行，实现了图形化结构连续压印，即卷对卷的辊压印技术，由于压印时模板与衬底线性接触，该方法避免了受力不均匀等因素导致的纳米结构变形、不均匀等问题。该方法相对于平面纳米压印技术，具有连续制备、结构简单、成本低、产量高、可靠性好等多方面的优势，已在大幅面计量光栅、超薄导光板、透明导电膜等纳米制造领域实现技术迭代和产业升级。然而，卷对卷压印在跨尺度复杂微纳结构的转移复制、翘曲衬底上的纳米结构转印、高深宽比纳米结构的高保真转移等问题上一直是极具挑战性的课题。

西安交通大学研究团队与苏州大学研究团队研制了多尺度卷对卷纳米压印关键装备，实现了多尺度结构特征的保真高效制造[33]。将金属模具上的跨尺度微纳结构高保真地复制到金属、玻璃、聚合物等基材上，实现了线宽 100 μm~100 nm 的多尺度结构特征的快速卷对卷微纳米结构转移，保真度达到 95%，连续压印 2.4 万米 / 版，幅面 1200 mm，工作速度 60 m/min。通过张力、恒温、压力、涂层（0.5~1 μm）、变形量伺服等可实现无缝双辊补偿纳米压印，如图 4.6。该方案是一种新的微纳米压印的模式，解决了传统卷对卷压印难以制造多尺度复杂微纳结构的技术难题。

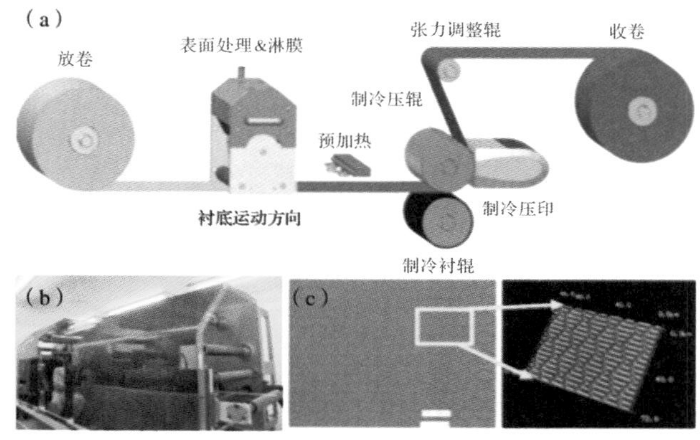

图 4.6 多尺度卷对卷纳米压印关键装备

（a）多尺度卷对卷纳米压印原理；（b）压印装备实物；（c）大面积仿鲨鱼皮抑菌 / 减阻功能薄膜

苏州大学研究团队开发的卷对卷连续辊压印装备技术，已成功应用在大幅面光栅、显示照明等领域中，产生了重要的社会经济效益。以该团队建立了双面纳米压印产线，实现了超薄导光器件制造，取代了传统的注塑导光板，实现节能 220 万千瓦时 / 年，每年约减少 220 万千克二氧化碳排放量。高光效超薄导光板（600 mm×1200 mm）逐步取代了印刷导光板，每年减少的油墨使用量达 7500 千克，避免了含酮类有害物质的使用，成为行业的颠覆性替代技术。

4.3.2 晶圆级气电协同纳米压印装备

尽管纳米压印技术具有高分辨率、低制造成本等技术优势，被学术界和产业界寄予了厚望，然而面向非平坦、脆性晶圆级半导体衬底表面的纳米结构制造时，纳米压印面临着多方面的技术挑战。首先，随着晶圆尺寸的扩展，模具与翘曲 / 非平坦衬底的共形接触难度逐渐增加，容易导致气泡受限，例如 4 英寸的 LED 外延片表面面形峰谷值超过 150 μm，模具与衬底间的共形接触极其困难。其次，薄、脆、易碎是大多类半导体晶圆衬底的共同属性，机械力加载过程极易损伤晶圆衬底 / 模板，如何避免机械压力引起的模板 / 衬底破损，是纳米压印应用于半导体衬底压印的另一难题。最后，纳米压印作为一种光刻技术，压印结构的底层残留膜厚度均匀性直接影响后续图形转移的均匀性，而衬底的翘曲 / 不平度、局部压印应力的不均匀性等易引起残留膜厚度的不均匀性，如何实现压印结构残留膜厚度的最大化均匀性，是非平坦衬底表面纳米压印的又一挑战。

为了解决脆性、非平坦晶圆衬底的整片纳米压印光刻图形化的难题，西安交通大学研究团队提出了气电协同控制纳米压印原理和装备 [96]，如图 4.7（a），其中“气”是指通过气阀板上平行分布气槽的真空和正压力状态的切换来实现柔性模具的分区控制；“电”是指在柔性透明导电模具和衬底之间引入一定的外加电场来驱动模具与衬底的接触过程。气电协同控制纳米压印系统包括两大核心内容，即柔性透明导电模具和气阀板，其中柔性透明导电模具通过真空吸附固定于气阀板上，与晶圆衬底表面平行并保留一定的间隙；然后从一侧开始，气槽逐渐由真空切换至正压状态，释放模具，并且在电场作用下模具逐渐与晶圆衬底表面形成接触，且不断扩大接触面积；柔性透明导电模具完全摊铺于整个晶圆表面，同时在电场作用下模具表面微纳结构腔体被液体压印胶所完全填充；保持电场，压印胶紫外光辐照固化；最后切断电场，从一侧开始，气槽逐渐切回真空状态，柔性模具从晶圆表面揭开，完成脱模。

分区域逐级控制策略保障了柔性模具与衬底间的接触均匀性，避免了接触线闭合过程中因衬底局部凸凹而产生的气泡缺陷，实现了柔性模具与晶圆衬底表面的完全接触。由于驱动柔性透明导电模具在晶圆表面摊铺的作用力主要由电致液桥力和静电吸引力两部分组成，可由外加电场调制[97, 98]，因此相较于传统的机械载荷或者自然毛细驱动力，电致驱动力可以通过外加电场参数的调节而灵活调控，可为柔性模具在晶圆表面的贴合提供驱动力。更重要的是，电致液桥力或者静电吸引力，是一种表面力作用形式，避免了压印过程中的机械压力载荷，从根本上避免了晶圆的应力破坏。同时，柔性透明导电模具与晶圆完全接触后，对极板间距敏感的静电吸引力继续调控两者的接触状态，进一步驱动液态压印胶继续流变，直至柔性模具约束下压印胶表面微观形貌共形于晶圆衬底的形貌。

基于气电协同控制纳米压印原理，西安交通大学开发了面向 4 英寸脆性非平坦衬底的表面纳米压印光刻制造装备，如图 4.7（b），设计了基于 ITO 与银纳米线网格复合电极的柔性透明导电模具[99]。气电协同的纳米结构压印精度优于 100 nm，4 英寸衬底表面纳米结构的制造效率超过 40 片 / 时，可适应的衬底翘曲度超过 200 μm。利用气电协同控制纳米压印光刻装备，实现了 LED 翘曲外延衬底表面的光子晶体纳米图形化，不同区域纳米孔结构留底膜厚度的非均匀性偏差小于胶层整体厚度 ±1%。与离散支撑模具相结合，如图 4.7（c）；实现了包含污染颗粒甚至微台阶凸起衬底表面的纳米图形化，如图 4.7（d）；在此基础上，进一步开发了与 LED 芯片产业制程具有良好兼容性的 LED 芯片增亮工艺，使产业芯片发光效率较图形化前提高了 41.6%，如图 4.7（e）。

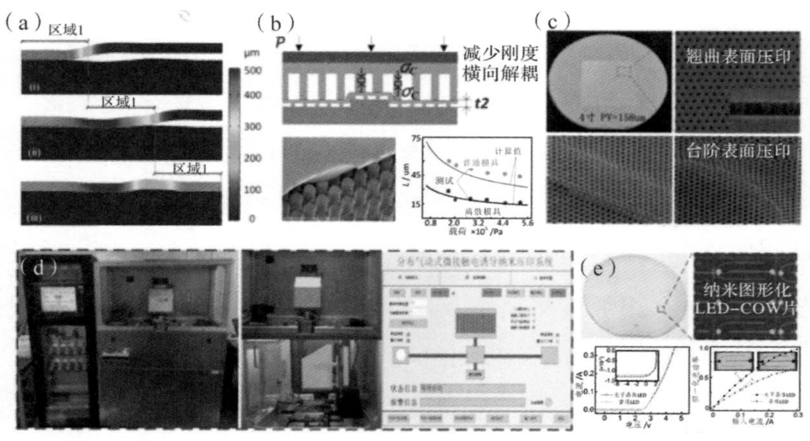

图 4.7　气电协同纳米压印光刻原理、装备及应用

（a）非平坦表面共形接触的有限元计算；（b）离散支撑模板对台阶衬底表面的适应性；（c）晶圆级非平坦衬底表面的光子晶体纳米结构压印；（d）气电协同纳米压印装备；（e）LED 芯片表面光子晶体结构压印

4.4　功能化大面积纳米结构的工程应用

在功能化大面积纳米结构制造的新原理、新方法、新装备的研究基础上，围绕高端制造领域的基础部件、国防领域的关键装备及前瞻技术、民生领域的高端产品研制等对功能纳米结构的需求，西安交通大学研究团队与苏州大学研究团队在大幅面精密计量光栅及其传感器、太空可逆黏附薄

膜、大幅面高端显示等方面形成了具有自主知识产权的原型与产品，部分实现了批量化制造，为我国纳米制造领域从原理创新、技术突破、产业推进进行了有益探索，为我国纳米制造原创技术的发展提供了技术支撑。

4.4.1 超长计量光栅及其工程应用

精密反射式光栅，因其精度高、环境适应性好、结构紧凑等优势，成为超精密测量、航空航天、高端制造装备等领域的关键位移传感部件。例如，面向智能制造领域，卫星用光学系统、大型天文望远镜等对光学非球面元件的口径需求已达 3 m，加工精度要求达纳米级，面向半导体领域，IC 制造的尺寸要求越来越大，而 IC 线宽越来越小，针对下一代 7 nm 线宽工艺制程，纳米级精度、皮米级分辨力的精密光栅定位，是保证高质量光刻的关键 [100, 101]。为了满足以上需求，光栅结构的纳米精度制造方法、大面积一致性制造工艺、大间隙容差读数技术是精密反射式光栅制造的三个关键核心技术。受限于精密反射式光栅光刻制造的技术封锁、装备垄断现状，我国二维光栅、精度优于 1 μm/m 的线位移光栅和精度优于 1" 的圆光栅产品完全依赖进口，是研制高端装备的“卡脖子”问题。

西安交通大学研究团队开展了精密光栅连续滚压印制造和高性能读数技术研究，探索了纳米结构三维轮廓精度对光栅测量系统的影响规律，建立了高精度反射式光栅的滚压印制造工艺和干涉扫描读数的技术体系：①发明了以时间基准映射长度的压印模具制造方法、精密反射式光栅的释放保型压印工艺，实现了光栅结构精度向时间的溯源，解决了纳米精度光栅压印复形工艺难题，光栅结构周期精度达到 0.2 nm（德国 PTB 计量报告）；②发明了精密反射式光栅的卷对卷连续压印制造工艺及装备，解决了光栅结构大幅面的纳米精度一致性制造难题，实现了 180 m 超长光栅、米级幅面二维光栅、米级幅面圆光栅的跨尺度、连续制造；③发明了结构化相位光栅干涉成像读数技术，解决了精密反射式光栅的大间隙容差读数难题，线位移光栅测量精度优于 0.2 μm/m、米级幅面二维光栅测量精度优于 0.4 μm、圆光栅测量精度优于 0.1"，读数间隙容差（2.4±0.3） mm，指标处于国际领先地位；解决了光栅结构的纳米精度压印、大面积一致性制造、大间隙容差读数三大瓶颈问题，形成了具有自主知识产权的精密反射式光栅产品 [102-109]，如图 4.8（a~b）。

开发的精密线位移光栅应用于国家重大工程需求。超长精密反射式光栅应用于超大量程航天部段分离地面测量平台，满足了 55 m 量程内的高速（5 m/s）、高精度（5 μm/m）测量需求；定制化超长光栅已被应用于西安三角防务股份公司的 4 万吨大型航空模锻液压机，实现了航空航天钛合金整体结构件锻压过程中，高温、大振动、强冲击、粉尘等应用环境下的精确位移测量；超精密线位移光栅已被应用于深圳市中图仪器股份有限公司等企业。超精密圆光栅测量系统应用于“国家平面角度基准”系列装置，如图 4.8（c），满足了“国家平面角度基准”对超精密角度测量的建设需求，为我国新一代全圆连续角度计量体系的建立奠定了基础。米级幅面二维光栅已被应用于国家 02 专项 193 nm 光刻机镜头组装配中，实现了 0.5 nm 分辨力、5 nm 精度，减小环境热稳误差，推进了我国光刻机研制的进程，如图 4.8（d）。多自由度立体光栅测量系统已被应用于某国家重大科学工程离轴抛物面镜位姿监测中，如图 4.8（e），解决了大型光学系统的光学构件场外装配和现场调试与位姿锁定问题。系列精密反射式光栅产品的研发与应用，打破了国外技术垄断和产品禁运，支撑了我国重大工程领域、核心装备关键测量部件自主可控的发展需求，推动了应用企业的产品创新与核心竞争力提升。

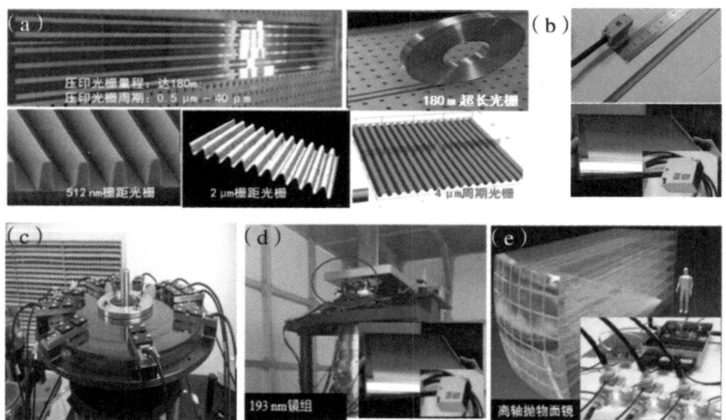

图 4.8 精密反射式光栅及其应用

（a）精密反射式光栅；（b）读数系统；（c）精密圆光栅应用于中国计量院角度基准装置；（d）精密二维光栅应用于 02 专项 193 nm 光刻机镜头组装配中；（e）多自由度光栅应用于重大科学工程离轴抛物镜位姿监测

4.4.2 异型微纳结构及其工程应用

异型微纳米结构具有独特的光学、力学特性，在多种工程应用中发挥重要作用。在微纳光学领域，微透镜阵列作为一种典型的微纳异形结构，不仅具有传统透镜的聚焦、成像等基本功能，更具有单元尺寸小、集成度高的特点，能够实现传统光学元件无法完成的功能，并可构成许多新型的光学系统。在仿生黏附领域，类蘑菇型干黏附结构作为一种典型的微纳异形结构，具有黏附力强、稳定性高、对材质和形貌适应性强等优势，被美国国家航空航天局 NASA 技术路线图（NASA Technology Roadmaps 2015—2035）列为“太空可逆黏附材料”的唯一解决方案，支撑在轨维修、轨道碎片抓取等太空操作任务，并预计在 2027 年和 2033 年两个 NASA 任务节点进入实际应用[110]。微纳异形结构的特殊性能与优越表现，取决于复杂结构形貌的准确控制，因此，如何实现微纳异形结构的大面积一致性准确制造是其由理论研究迈入工程应用的关键技术瓶颈。

西安交通大学研究团队提出了一种基于空间电场调控与模板约束的多物理场系统控制微观控形方法，利用电场对液态聚合物流变行为的调控以及模板几何特征的约束实现了大面积微透镜阵列与干黏附仿生结构的成形制造，如图 4.9 所示。该方法在国际上首次实现了高性能非球面微透镜阵列的大面积高效率制造（填充率 98.8%、表面光洁度 0.2 nm、抛物面形貌、4 英寸面积），解决了非球面微透镜阵列的形貌控制、曲率控制、精度控制、效率控制的技术挑战 [72,74]；实现了壁虎仿生蘑菇型微结构阵列的仿生制造，能够在光滑表面、非平整表面等目标物体表现出高强度黏附特性，黏附强度高达 12 N/cm^2，超过了自然界壁虎生物体黏附性能 [111-113]。

采用多物理场协同调控微观控形方法制备的仿生干黏附结构，应用于某研究所的型号研制任务，解决了异型结构批量制造、黏附性能调控等系列难题，为空间在轨维护、组装等重大工程提供了创新制造方法支撑。此外，该研究团队与合肥欣奕华、京东方显示等装备与电子制造企业合作，开发用于平板显示、锂离子电池封装的智能拾取搬运系统。

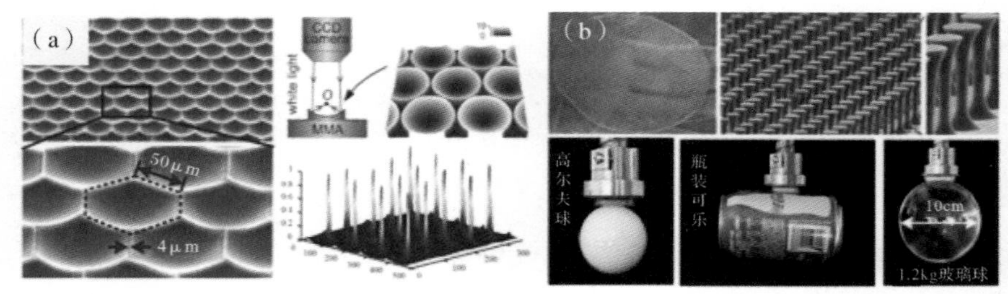

图 4.9　微纳异形结构微观控形及其工程应用

（a）微透镜阵列；（b）仿生干黏附结构

4.4.3　超薄导光板及其工程应用

导光板作为液晶（liquid crystal display, LCD）显示器的核心器件，其导光性能决定显示器的品质。自 LCD 取代阴极射线管等显示以来，人们一直在寻找如何将显示器件做得更轻薄，对背光模组提出了超薄化的要求。传统的注塑工艺制作的导光板厚度偏高，幅面一般在 20 寸以内，对总体超薄化的贡献有限。此外，注塑模具的加工周期一般为 2~3 周，完成一个周期的光学验证需要 1 个月以上，周期长、费用高。为了适应 LCD 的快速发展和电子产品的快速更新换代的需求，急需在超薄导光板的设计、模具加工、批量生产能力等多方面进行整体创新，制作出工艺简单、成本低、幅面大、超薄的导光板产品。

苏州大学研究团队研制了柔性微结构模具的制造技术和导光网点数据优化处理遗传算法及软件开发，实现的 20~100 μm 特征尺寸、深度 3~5 μm 的一维及二维微结构制造已成功应用于 15~65 英寸的超薄导光板模具。采用激光高速扫描光刻方式实现了微结构模具的超高速制造。采用“卷对卷纳米压印 + 片对片纳米压印”技术，实现了 5~65 英寸的导光器件的批量化、绿色制造，如图 4.10。

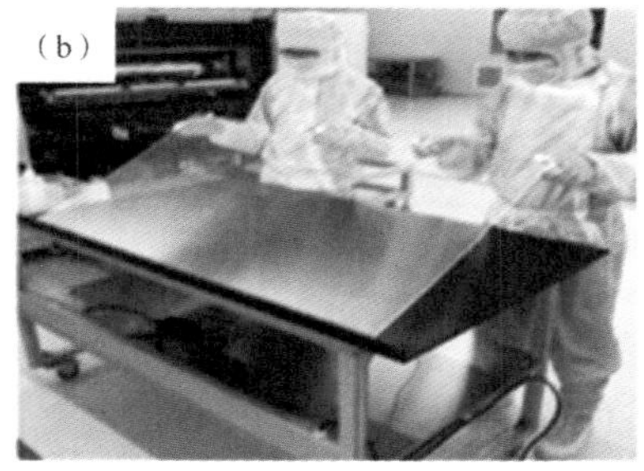

图 4.10 超薄导光板及其工程应用

（a）超薄导光板的压印设备；（b）55 寸导光板产品

4.4.4 柔性透明导电膜及其工程应用

透明导电电极（transparent conducting electrodes，TCEs）具有柔性、透明性及良好的导电性，是下一代柔性电子器件的核心部件，可广泛应用于触控传感器、显示器件、有机光电二极管等领域。金属基 TCEs 具有较高的透明性、柔性及导电性，且生产成本低，其制造方法主要包括纳米压印、微球光刻、晶界光刻等。但是，制备过程烦琐且耗时，往往涉及金属刻蚀、模板制作、真空热蒸发等工艺。此外，基于该方案制作的 TCEs 的金属网栅附着在柔性衬底表面，为非平面结构，起伏度往往达到微米量级。在制备有机光电器件时，超薄的有机层（数十纳米）难以在微米级起伏的电极上形成连续结构，容易产生短路。此外，金属与基底的黏附性难以保证，极易脱落，难以满足高柔性光电器件的要求。因此，急需发展工艺简单、成本低、可扩展的透明电极的制备方法，以实现透光率和方块电阻可调、机械性能良好的 TCEs。

苏州大学研究团队发明了功能结构的“纳米压印 + 增材填充”复合制造工艺，实现了微金属网格型透明导电膜（电极）、嵌入电子器件、柔性传感器的创新制造。该方法引入了埋入式金属线栅柔性透明电极结构，从结构设计、微纳加工、材料填充 / 生长等角度设计并实现 “柔性 - 透明 - 高导电性 - 高机械性能”一体化需求，开发出适用于柔性光电系统的高性能金属基 TCEs；实现了柔性透明自支撑（无衬底）金属线栅电极，可承载拉伸、折叠及任意形变。体现“纳米压印 + 填充增材”复合制造工艺相关研究成果的学术论文，以 Back Inside Cover 的形式在能源类顶级期刊 *Energ Environ Sci* 上发表，并被选为该杂志 2017 年的热点文章。

在“纳米压印 + 填充增材”制造工艺的基础上，西安交通大学研究团队发明了电场驱动大幅面刮涂填充方法，解决了功能材料（如银纳米墨水材料等）直接刮涂填充面临的“填不深、填不满、填不快”的难题，为高品质柔性透明导电膜的规模化制造提供了技术支撑，如图 4.11。阐述电场驱动大幅面刮涂填充原理的学术论文[113-115]，入选 ACS Editors’ Choice，成为杂志 *ACS Appl Mater Interfaces* 当年（2014 年）下载量最多的论文，入选 2011 年英国皇家物理学会精选论文。

图 4.11　电场驱动刮涂填充

（a）电场驱动刮涂填充原理；（b）电压对填充深度的影响和控制能力；（c）银纳米墨水的电场驱动刮涂填充

采用“纳米压印 + 增材填充”技术制备的透明电容触控屏，已进入产业化应用，实现了无蚀刻大尺寸透明电极和柔性电路的绿色制造，颠覆了柔性电路需要蚀刻工艺的传统思路。例如，实现了 0.1~50 欧方 @ 透光率 88% 的技术参数，而业内 ITO 的透过率在 88% 时，方阻在 200 欧方以上，其中 8~70 寸的纳米银微网格透明电容触控屏已批量应用，已应用于银行、游戏、电脑终端、巨屏触控等领域，产品已销往美国、日本、德国的终端市场，如图 4.12。

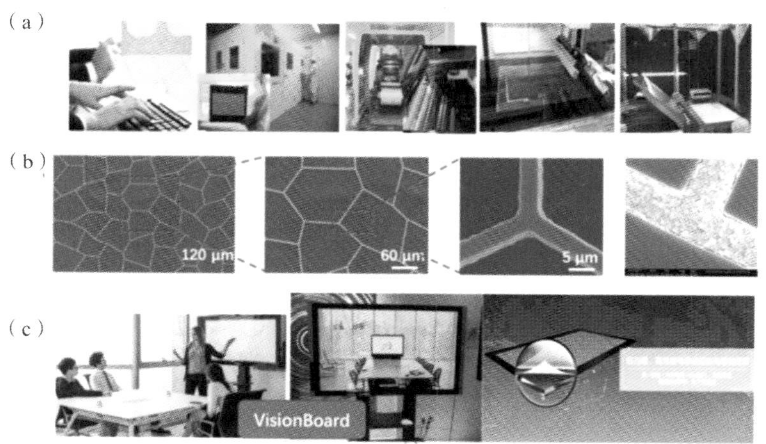

图 4.12　柔性透明导电薄膜及工程应用

（a）“纳米压印 + 增材填充”制造装备；（b）制造的典型微纳米结构；（c）大尺寸透明导电膜及产业化应用

第 5 章　纳米结构与器件跨尺度集成制造

在纳米精度制造、纳米结构制造的基础上，对纳米 / 亚纳米精度、微纳多尺度结构的集成、跨尺度制造，是纳米制造走向工业应用、服务国家重大工程应用的必经之路。以生化传感器制造为例，其传感过程包括两个界面：生化分子水平的反应界面（第一界面），以及传感输出电信号的信息与能量的转换界面（第二界面）。其中，第一界面是在分子结构尺度上进行信息传递，决定了传感器的敏感度和选择性，一般为分子级有序的纳米敏感结构，通常采用“Bottom-Up”的制造技术，保证对生化分子的高灵敏度和高特异性的优点，但由于生长机制的限制，无法实现长程、大面积的高一致性和可重复性的批量制造；第二界面是把物理效应转换为可测电信号，通常采用“Top-Down”制造方法。第一界面必须与第二界面一体化结合才能形成完整的生化传感器，否则生化敏感效应不能变成可直接检测的信号。因此，需要在纳米制造与微结构间实现相兼容的纳微（宏）跨尺度一体化集成制造。

要解决跨尺度制造的一致性和批量化的瓶颈，需要从材料结构的理化本征特性和外部能量调控两个方面共同入手。一方面，通过研究材料的键能、周期势、边缘悬挂键、缺陷等结构特异性所产生的生长或刻蚀的各向异性，形成自约束的纳米结构，实现高度可控的纳米结构批量加工；另一方面，探究通过施加不同外场（如光场、温度梯度场与电场等）来改变局域化能量，研究纳米结构按需去除、保留和再构筑的调控机理，通过多场调控在传感器表面上实现纳米结构的按需构筑并实现高度的结构可控性。

由北京大学、中国科学院上海微系统与信息技术研究所、中国科学院物理研究所组成的研究团队，针对社会公众安全的监控和保障对微型生化传感器的重大需求，在前期自组装、纳尺度加工新原理和微纳复合制造的基础上进行集成研究，结合“Top-Down”和“Bottom-Up”的加工方法，解决纳微结构一体化集成制造方法的相容性问题、利用材料结构相异性的自约束纳米加工原理、跨尺度下纳米结构按需可控制造的物理化学原理及多场调控机制等科学问题，建立了微结构表面的局域选择性多重构筑和纳米批量化制造方法，突破了高性能现场生化传感器的跨微纳尺度一体化批量制造核心技术，形成了痕量快速纳米生化传感器原型验证样机，在食品安全检测和公共安全反恐传感系统中获得了原理验证的重要应用。

5.1 自约束纳米加工的高精度可控制造

中国科学院上海微系统与信息技术研究所研究团队，利用自约束纳米加工原理，提出利用（111）SOI 材料实现硅纳米线阵列的晶圆级可控制备[116-119]，利用（111）硅片上 {111} 晶面族的分布特点，用单晶硅各向异性腐蚀的方法先制备宽度为几百纳米的单晶硅薄壁结构，再通过自限制氧化技术将薄壁的特定区域转化为单晶硅纳米线结构，通过采用 SOI 材料进一步提升硅纳米线阵列晶圆级制备的可控性，如图 5.1。制备了长度为 5~40 μm、宽度为 25 ~100 nm 的悬空单晶硅纳米线阵列器件，成品率超过 90%。该成果大大优于目前报道的硅纳米线阵列结构，有效地促进了硅纳米线阵列的进一步应用。用该技术批量制造的 TNT 传感器在气态环境下达到 ppt 量级，与文献报道的最高水平相当。该研究工作已被包括 27 篇综述文章（其中 2 篇 *Chem Rev*（IF: 52.61）和 2 篇 *Chem Soc Rev*（IF: 40.18））、9 本论著等 Sci 他引 260 余次，受到国际权威学者、哈佛大学 Charles M. Liber 教授在 *Chem Rev* 的高度评价。

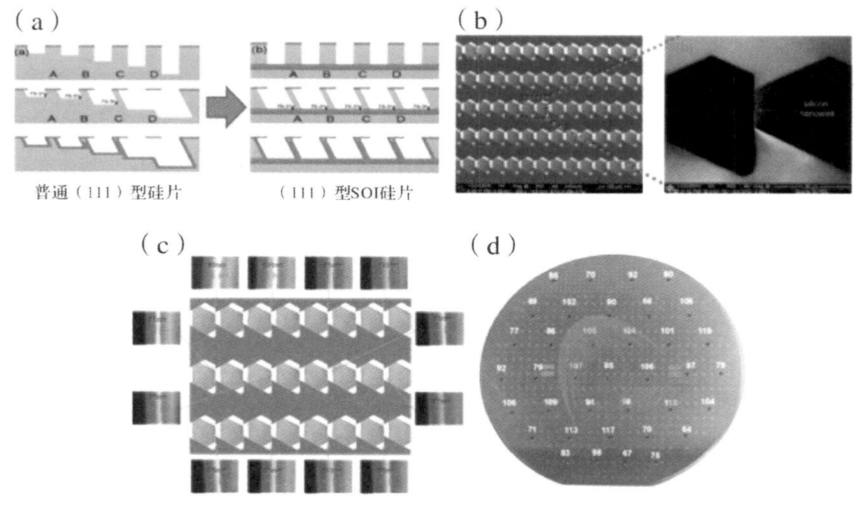

图 5.1　利用（111）SOI 材料实现晶圆级硅纳米线阵列的制造

（a）加工流程示意图；（b~c）微观视图；（d）局部放大

本项目组还实现了 n 型和 p 型硅纳米线集成芯片的制造，并验证了 PSA 的互补检测。从关键腐蚀工艺、纳米线细化以及工艺一致性等方面出发，研究了在同一芯片上集成制造 n 型和 p 型两种硅纳米线器件的方法，利用各向异性腐蚀自停止和纳米厚度腐蚀自限制，实现了两种类型硅纳米线的可靠制造，实现硅纳米线表面光滑，尺寸均一，最小可达 20 nm。利用同一芯片上集成的 n 型和 p 型硅纳米线阵列，对 PSA 进行互补对照检测，通过对比两种类型器件的结果，可以避免假阳性信号的产生，杜绝外界干扰的影响，保证检测的可靠性。器件本身可以进行自身对照，是一种具有创新性的新型传感策略，如图 5.2[120]。

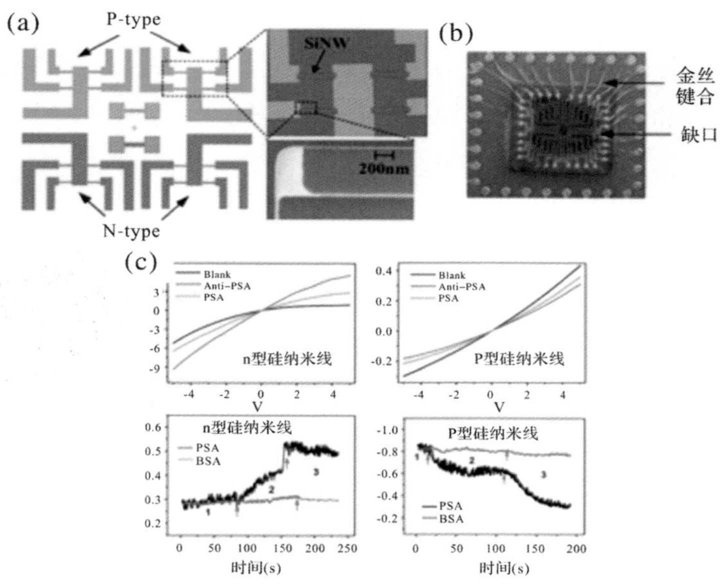

图 5.2 集成制造的 n 型和 p 型硅纳米线及其对 PSA 的互补对照检测

5.2 外场诱导三维微纳结构制造

中国科学院物理研究所纳米制造团队通过外场诱导实现了特征尺度 200 nm，结构空间取向变化（0~180°的折叠和弯曲）的三维微纳结构晶圆级跨尺度制造。该方法也可实现亚 10 nm 的金属间隙点对阵列的外场诱导加工。发展了一种基于聚焦离子束辐照的三维金属纳米结构折叠加工方法，可将平面内二维金属薄膜材料进行剪切和折叠，经过图形设计、平面剪切和多次有序折叠，实现了金属纳米结构单元的尺寸、周期与几何形貌可调制 [121-123] 的大面积可控加工。该方法具有材料普适性优势，适合于其他介质及氧化物薄膜三维微纳结构的折叠加工 [124,125]。该研究团队通过折叠加工，将二维金属结构单元折叠，形成介质薄膜 / 金属结构单元复合的三维结构，极大拓展了折叠结构的材料组合功能，也拓展了其在光学调控领域的应用空间，如图 5.3。除了折叠加工的方式外，探索了基于薄膜应变诱导的三维纳米结构弯曲加工方法，该技术主要利用在离子束辐照下，薄膜发生大面积应变而导致弯曲，弯曲加工尺度最小达到几百纳米，加工效率更高。基于以上弯曲和折叠的组合加工方式，该团队在微纳尺度实现了空间自由度更大的三维组装加工方法，可以构筑更为复杂的三维形状，实现单一加工方式不能完成的多级三维结构，这些结构在仿生、生物、能源、MEMS/NEMS 及微纳光子学领域具有重要的应用潜力 [126-128]。由于在微纳米尺度的三维折叠加工和亚 10 nm 金属间隙阵列可控加工及其应用研究的进展，该研究团队受邀分别在 *Adv Mater*（2019,31,1802211）和 *Small*（2019,15,1804177）撰写综述文章。

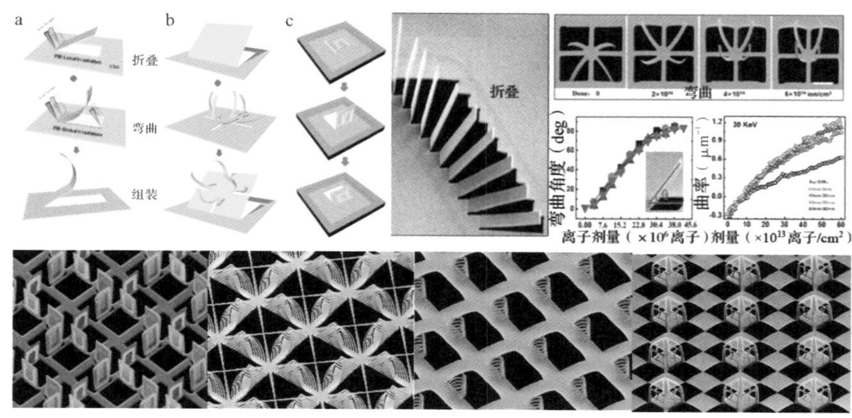

图 5.3　基于纳米薄膜的三维组装（折叠 / 弯曲）加工方法示意及结构照片

5.3　功能纳米结构的按需区域构筑

结合物理和化学能量进行调控的自组装，是实现生化传感器高选择性和特异性的关键，是一种实现功能纳米结构按需区域构筑的有效方法。通过掩模光刻实现纳米结构图形化、晶圆级集成制造，保证了生化传感器的选择性和一致性，自组装单分子层的不均匀性小于5%。中国科学院上海微系统与信息技术研究所纳米制造团队提出了“广义光刻”多重分子自组装技术。该“广义光刻”多重分子自组装技术是一种将“Top-Down”与“Bottom-Up”相结合的晶圆级制造方法，如图5.4。“Top-Down”是指通过硬掩膜完成单分子薄膜的深紫外光刻，通过宏观尺度的工具、材料完成自组装单分子薄膜的图案化；“Bottom-Up”是指通过大量纳米尺度的分子多重自组装来完成芯片内不同区域的功能化修饰。其主要步骤如下：首先沉积一种单分子薄膜，通过硬掩膜完成深紫外曝光，在曝光区域去除第一种单分子薄膜后再生长另一种单分子薄膜，该过程可以多次重复、晶圆级操作，大幅度提高了芯片的制作效率。采用该技术，实现了在微悬臂梁的敏感区域构建亲水表面，在其余区域构建疏油疏水表面，从而使得敏感材料的固定方法从器件的逐个手工涂覆法提升为晶圆级大批量旋涂固定法，实现了微悬臂梁生化传感器的高一致性批量制备[129-131]。

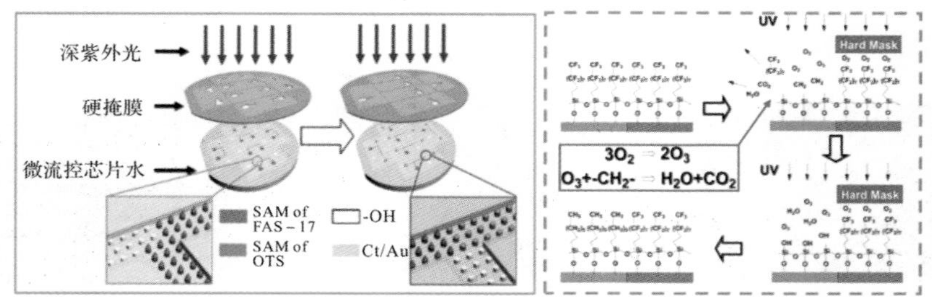

图5.4 “广义光刻”技术原理示意图

该团队利用“广义光刻”技术在微流道的不同区域中分别构建了疏水疏油表面和胺基功能化表面，然后将介孔材料前驱体溶液选择性地定位浇铸于待生长区域，实现了在微米流道中集成多重纳米管道的微纳跨尺度芯片制造方法。利用基于谐振式微悬臂梁传感器的变温称重法，发现SiO_2介孔纳米材料与有机磷可以发生化学吸附作用，从而以该芯片为核心研制了一种新型固相微萃取的原理样机。采用该样机成功地对溶有痕量敌敌畏、毒死蜱和对氧磷等 3 种农药的水溶液进行了富集处理，并将其中的痕量农药分子进一步地萃取到了可与水互溶的乙醇中，气质联用（GC-MS）分析结果证实其萃取回收率达到 80%[132]，如图 5.5。

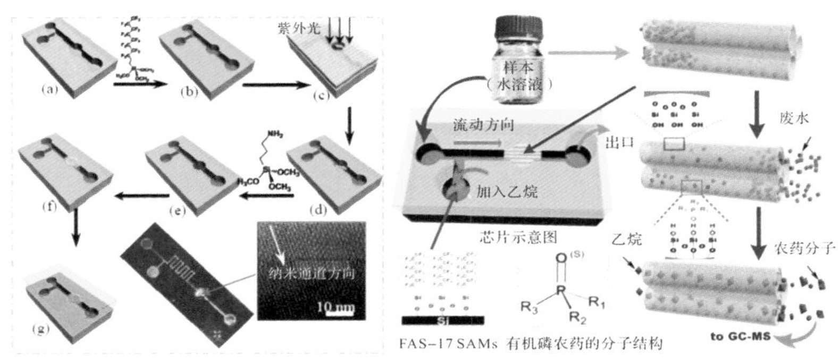

图 5.5 （左）微纳流控跨尺度集成芯片的制造步骤示意；
（右）使用该芯片进行有机磷农药残留分子富集与萃取的原理示意

中国科学院上海微系统与信息技术研究所研究团队还采用纳米材料微区域构筑技术，制备了微纳复合的微型色谱柱。对色谱柱而言，如何提高其分离能力是个关键问题，而纳米介孔硅材料由于具有高的比表面积和稳定的理化性质，是作为固定相或固定相载体的理想材料。基于硅衬底，该团队首先采用“Top-Down”的方法制备出含有微柱阵列的微沟道，随后采用基于“Bottom-Up”的方法在硅基微色谱柱内构筑了一层纳米介孔硅，成功地实现了三维微纳复合硅基结构的可控制造，并具有圆片级大面积批量制造能力。测试表明，在微色谱柱表面构筑的纳米介孔硅比表面达 650 m^2/g，孔径约 2 nm，对轻烃具有较强的分离能力，采用 2 m 的微色谱柱对难以分离的甲烷乙烷就可获得大于 1 的分离度，如图 5.6[133, 134]。

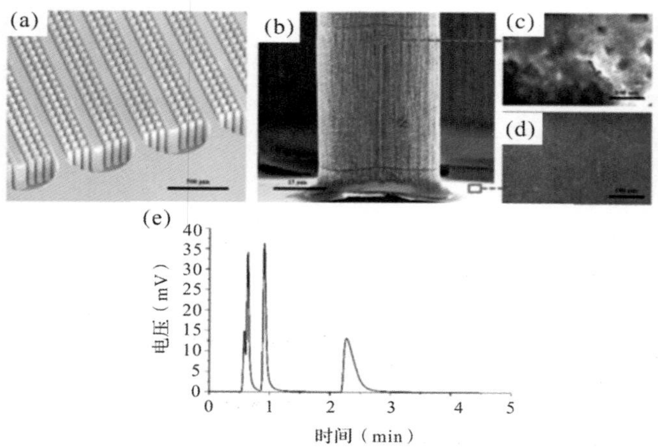

图 5.6 （a）硅微色谱柱；（b）硅微色谱柱内的微柱；（c）微柱表面介孔硅；（d）道底部的介孔硅；（e）硅微色谱柱对 C1-C4 的分离效果

5.4 二维材料纳米结构的可控加工方法

中国科学院物理研究所纳米制造团队利用 AFM 在纳米尺度操纵方面的高精度和灵活度，通过 AFM 针尖加偏压的方式对特定位置处的石墨烯进行氧化，引入周期性缺陷，进行石墨烯反点网络结构的加工。样品引入缺陷以后，通过氢气等离子体各向刻蚀技术对缺陷放大，形成具有六角孔洞阵列的石墨烯反点网络纳米结构 [135-137]。由于氢等离子体对石墨烯的刻蚀只发生在石墨烯的缺陷和边缘处，所以只会对 AFM 针尖得到的孔洞放大，并不会造成新的缺陷或孔洞。同时由于刻蚀的各向异性，最终得到的纳米结构是具有 zigzag 边缘的超晶格多孔石墨烯纳米结构。超晶格多孔石墨烯纳米结构的周期和纳米带宽度是可控的，通过控制刻蚀的时间，可以获得预定宽度的纳米带，实现小于 200 nm 周期的纳米孔洞阵列图案，如图 5.7。AFM 针尖的加工方法简单，不会引入额外的污染，并且由于整个器件加工过程只有一步涂胶曝光，减少了器件制造中的表面污染。辅助针尖阵列加工工艺，可用于器件集成，有助于批量生产石墨烯纳米结构器件。

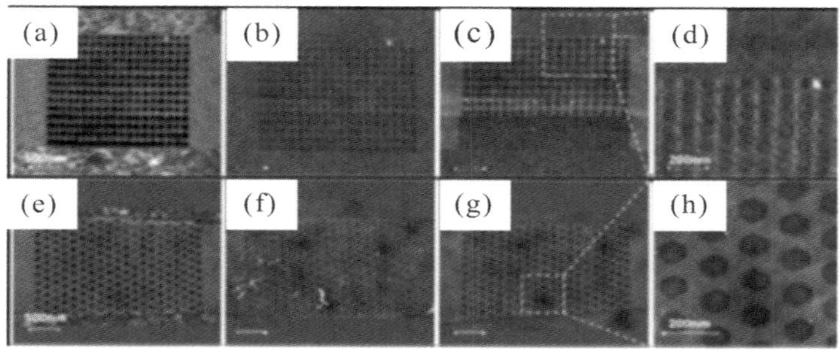

图 5.7　石墨烯反点网络 AFM 图像

（a~c）周期为 100 nm 的正方点阵的反点网络结构；（e~h）周期为 200 nm 的六角点阵的反点网络结构的 AFM 图像；（a, e）接触模式下氧化完成后的图像；（b, f）轻敲模式下的图像；（c, g）氢等离子体刻蚀后的图像；（d, h）对应虚线框内的放大图像

该团队首创了利用氢等离子体各向异性刻蚀，在氧化硅衬底上采用“Top-Down”的加工方法，得到了具有 zigzag 原子级平整边界的双层及以上层数的各种石墨烯纳米结构。进而研究了单层石墨烯的各向异性刻蚀，在六方氮化硼上得到了具有 zigzag 原子级平整边界的单层石墨烯纳米结构，并实现了 5 nm 以下极小尺寸石墨烯纳米带的可控加工，如图 5.8 [138-140]。进而通过原位施加不同的栅压，对氢等离子体的刻蚀机制进行研究，证实了在各向异性刻蚀中，氢等离子体起主要作用，活性氢原子起辅助作用。并且发现由于正负栅压下刻蚀速率的不同，通过栅压调控可以高效批量地加工石墨烯精细纳米结构。此种基于氢等离子体的石墨烯各向异性刻蚀为操控石墨烯提供了新的途径。

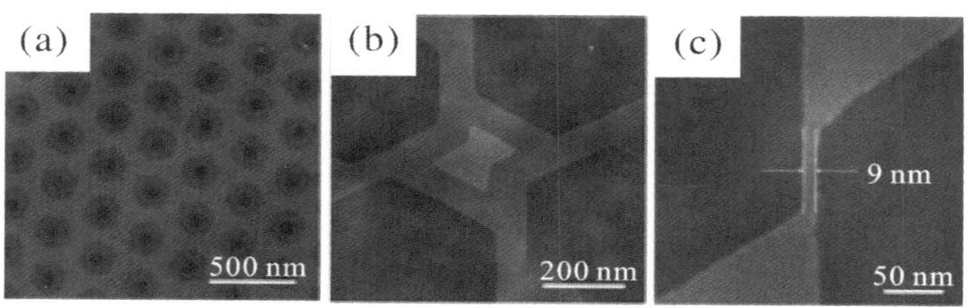

图 5.8　六方氮化硼衬底上石墨烯纳米结构的可控加工

（a）500 nm 标尺下的图像；（b）200 nm 标尺下的图像；（c）50 nm 标尺下的图像

5.5 跨尺度制造的重要工程应用

北京大学纳米制造团队提出了一种创新的三维冰微打印技术，利用低温、与生物材料的良好兼容、易形成三维结构、无污染等优点，可以实现微流控、生化反应物、纳米材料、微机电系统器件的跨尺度制造和集成 [141-143]。三维冰微打印技术利用了水到冰的相变过程，由于液体水具有良好的流动性，而且可以形成非常微小的液滴，而固体的冰却有很好的强度，因此这种通过微小水滴相变来形成三维冰微结构的过程是一种典型的“Top-Dwon”的过程，因而也具有了“Bottom-Up”方法所共有的优势和特点。基于这种技术研制了一种微胶囊生化检测阵列器件，并成功制备和测试了一系列微胶囊检测器件：用于亚硝酸盐与葡萄糖检测的预封装微胶囊阵列芯片、基于 LAMP 恒温扩增的沙门氏菌病原体 DNA 检测的预封装芯片、基于功能核酸的特异性 / 敏感性定量检测的二价铜离子检测芯片，以及可同时检测氢离子、铅离子、六价铬离子、氟离子、亚硝酸盐离子、镍离子、铜离子和铁离子等的即用型水中金属离子检测阵列芯片。该研究团队进一步提升了预封装物质的多样性，改进了微胶囊封装工艺，开发了反应溶液的保护工艺。测试结果表明该器件具有便携、操作简单、抗污染、适于大规模低成本制备等优点，如图 5.9。

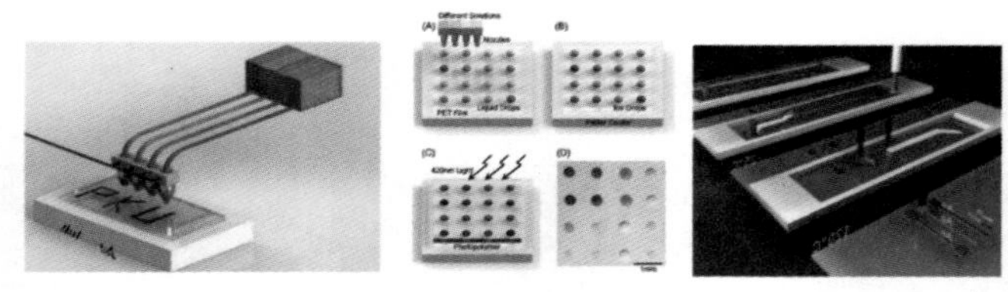

图 5.9 三维冰微打印技术及实现的用于食品安全监测的微胶囊生化检测阵列

针对食品安全检测和公共安全反恐的应用目标，中国科学院上海微系统与信息技术研究所研究团队通过采用微纳跨尺度结构和自组装纳米材料，开发了具有 10 aM 量级的生化检测灵敏度的生化纳米传感器，实现在

miRNA、蛋白质、抗原和抗体上的无标记快速灵敏检测。研发的基于谐振悬臂的农药残留物检测传感器和快速检测仪器，已经在湖南长沙食品安全检测中心通过了现场测试，并获得了推广应用，得到用户好评，如图 5.10。

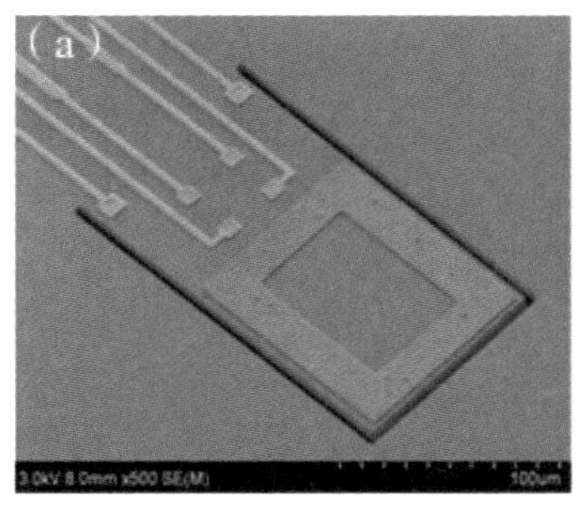

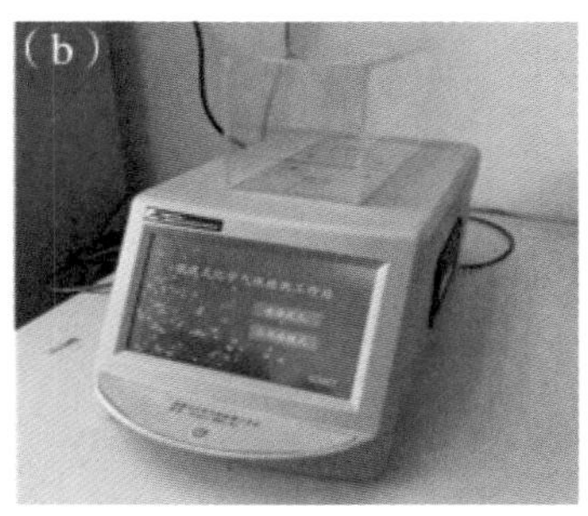

图 5.10 （a）制备完成的微悬臂梁；（b）检测乙酰甲胺磷的便携式化学气体检测工作站

此种基于微纳复合谐振悬臂的农药残留物检测传感器和快速检测仪器也已经通过食品药品检验机构的应用验证，TNT 的检测达到 ppt 量级，已经应用于上海地铁和机场的危化品检测中；采用纳米材料微区域构筑技术，制备了微纳复合的微型色谱柱，并已经应用到我国骨干企业上海仪电集团分析仪器有限公司的现场便携式气象色谱仪的定型产品开发中，将上海仪电集团传统的气相色谱仪的检测分辨能力从百 ppm 量级提高到了 ppm 量级，主要性能指标达到了安捷伦同类便携式产品（GC-490）的水平，如图 5.11。

	Agilent	μGC-60
体积	28 cm × 15 cm × 55 cm	16 cm × 13 cm × 45 cm
重量	≈5.2 kg	≤4 kg
功耗	130 W	120 W
检测限	10 ppm	5~20 ppm
价格	40万元	15万元（预计）

图 5.11 跨微纳集成的微色谱柱构建的微型气相色谱仪与安捷伦公司产品性能对比

第 6 章　激光微纳制造新方法

激光制造是通过激光与物质的相互作用，使其发生加热、熔化、汽化、蒸发、升华、库伦爆炸、静电剥离等过程，从而实现零件 / 构件成形与成性的制造方法。激光制造产业在过去的十几年里发展迅猛，尤其是随着我国航空、航天、高端芯片、新能源、交通等领域的发展，高性能部件的激光制造需求愈发迫切。超快激光微纳制造是激光制造的前沿之一，具有超快（<100 fs）、超强（>1014 W/cm^2）的特点，对于难加工材料、三维复杂曲面微纳结构的制造独具优势，随着超快激光技术的持续发展，有望成为未来高端制造的主要手段之一，可为新能源、航空航天、国防等领域发展提供关键制造支撑，对推动我国走向制造强国具有重要战略意义。超快激光加工在上述领域核心构件的制造中面临如下共性挑战：加工材料多样且难加工、加工面为三维复杂曲面、尺寸极限不断推向新的极端、品质要求不断推向新的极端等。这些挑战对超快激光制造提出了新的要求，需要从电子层面理解、观测、调控超快激光加工中能量吸收、传递及其对应相变机制，探索非线性、非平衡态超快激光与材料相互作用中的纳米尺度电子动态特性变化规律与调控机制。

6.1 超快激光时空整形微纳加工新原理、新方法

在超快激光制造过程中，材料对激光能量的吸收最初大都是由电子作为载体来完成的。超快激光脉宽是电子－晶格的热传导时间（10^{-12} ~10^{-10} s）的数千分之一至数百分之一。因此，在飞秒脉冲辐照期间，晶格运动可以忽略，只需考虑电子状态在超快光场下的变化。飞秒激光脉冲对材料的辐照时间虽然非常短（飞秒量级），但其后的所有加工过程（秒量级）均决定于飞秒激光与电子相互作用，所以必须调控局部瞬时电子状态[144]。以往制造基础研究的观测、调控均局限于原子、分子及以上层面，所面临的核心科学问题是：能否调控局部瞬时电子动态。而超快激光技术的迅速发展为该科学问题的解决提供了可行性。近 20 年内超快激光技术已获 3 项诺贝尔奖，共计产生 5 位诺贝尔奖得主。例如，1999 年的诺贝尔化学奖得主 Ahmed H. Zewail 教授以飞秒激光作为工具制成了世界上最快的照相机，观测到了化学反应中电子弛豫变化过程，有望使制造新原理 / 新方法获得突破[145]。

受 Zewail 教授工作的启迪，北京理工大学研究团队提出了电子动态调控加工新原理[144]：通过设计超快激光时空分布以调节激光与电子的相互作用过程，实现对局部瞬时电子动态（密度 / 温度 / 激发态分布等）的主动调控，从而调控材料局部瞬时特性（反射率 / 折射率 / 电导率等），进而调控材料相变及成形、成性过程，实现全新的目标制造方法，以提高加工质量、效率、精度和一致性，如图 6.1。

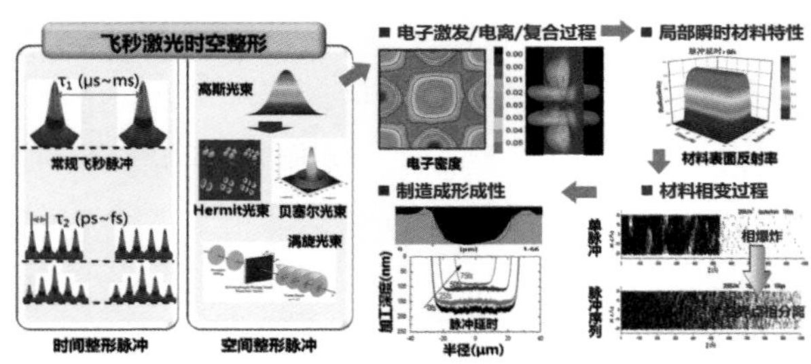

图 6.1 飞秒激光时空整形加工新原理 / 新方法

利用等离子体量子模型、改进双温模型、分子动力学模型、第一性原理计算等研究了超快激光与材料相互作用机理，预测通过超快激光时空整形可调控电子激发 / 电离 / 复合过程、局部瞬时材料特性、材料相变过程和最终成形、成性过程[144, 146-148]。首次预测了飞秒激光烧蚀形状及表面纹理结构，并成功预测了存在纳米级的超衍射极限稳定加工深度区域[149-152]。

基于上述电子动态调控加工新原理，对于飞秒激光在时域、空域整形，首次实现了制造中对局部瞬时电子动态的主动调控，大幅提高了加工质量、精度、效率、深径比等极限制造能力[144, 153, 154]：①提出采用飞秒脉冲序列调控自由电子密度与光子吸收效率，控制材料结构改性程度，刻蚀效率提高 37 倍，如图 6.2（a）；②提出空间整形调控局部瞬时电子动态的超衍射极限加工新方法，加工的纳米线稳定性好、易于图案化，且线宽能达到波长的 1/14，如图 6.2（b）；③通过时空整形，优化和调节离化电子密度分布，微孔加工深径比极限增加 100 倍（1000 ∶ 1，1.5 μm），效率提高 56 倍，如图 6.2（c）；④基于激光时空整形微纳加工新方法，结合 DMD 技术，实现了大面积、高精度、跨尺度微纳制造，实现线宽分辨力 50 nm，线宽跨越 152 nm 到 140 mm，如图 6.2（d）。

超快激光电子动态调控加工新方法受到国际广泛关注，相关研究工作获 70 余位各国院士 / 会士（含诺贝尔奖得主）在 *Science*、*Nature* 等期刊的大幅正面评价。例如，OSA/SPIE 会士、加拿大多伦多大学 P. Herman 教授在其特邀综述论文中六处引用制造新方法，并将所提制造新方法列为“The best reported femtosecond laser results（报道的飞秒激光最好的加工结果之一）”。OSA/SPIE 会士日本理化学研究所 Koji Sugioka 教授在 Nanophotonics 大幅评价该新方法，称新方法成功地加工了“以前无法实现（previously inaccessible）”的 3D 微纳米结构。*Laser Focus World* 发表“整形飞秒激光改变电子动态提高超快激光加工质量”专题来评述该新方法：“获得了令人震撼（stunning）的成果”。该研究团队受邀在 *Nature*

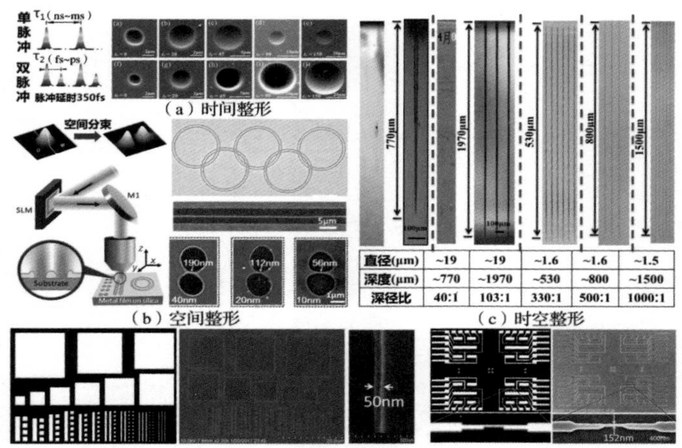

图 6.2　超快激光时空整形微纳加工新方法

（a） 时间整形提高刻蚀效率；（b） 空间整形提高加工精度；（c） 时空整形提高微孔深径比极限；（d）大面积、高精度、跨尺度微纳加工

旗下 *Light: Sci & Appl* 发表 26 页题为“飞秒激光时空整形的电子动态调控微纳加工新方法：理论、方法、观测与应用”特邀专题综述，总结了新方法近 10 年的主要科研进展，并持续 1 个月余将其作为期刊网站首页的唯一亮点。美国科学促进会及其会刊 *Science* 的新闻平台以“Femtosecond laser fabrication：realizing dynamic control of electrons（飞秒激光实现电子动态控制）”为题，对新方法进行了专题报道，并称新方法“对高端制造、材料处理、化学反应控制可能带来革命性的贡献（revolutionary contribution）”，并获 Phys. org 等 10 余家国际主流科技媒体转载。

6.2　超快激光微纳制造过程的多时间尺度观测

超快激光加工是一个非平衡、非线性、超快过程，其中涉及多个物理化学过程，如激光传播与材料电离、材料相变、等离子体喷发与辐射、冲击波形成与传播、组织结构形成等 [1]。上述物理、化学过程的特征时间从飞秒到毫秒甚至秒，但又相互影响。基于此，北京理工大学课题组提出并建立了跨越“飞秒 – 皮秒 – 纳秒 – 毫秒”多时间尺度的实时观测系统（图 6.3），跨越 12 个时间数量级，综合运用飞秒激光泵浦探测、激光诱导击穿光谱、时间分辨等离子体成像和工业连续成像等技术[143]，在秒时间尺度上，利用 CCD 摄像实时拍摄激光加工高深径比微孔过程；在纳秒尺度上，采用飞秒激光双脉冲诱导击穿光谱系统观测等离子体的喷发过程；在皮秒时间尺度上，采用泵浦 – 探测显微系统观测了激光诱导等离子体 / 冲击波的产生及演化过程；在飞秒时间尺度上，观测了飞秒激光脉冲的动态传播过程和材料离化过程。应用多尺度观测系统揭示了飞秒激光时空整形对制造中电子加热、电离、复合过程的调控机制及其对微结构成形、成性的影响规律，首次实现了制造过程中以电子为能量载体主线质能传输过程的全景观测（从等速到放慢 3.5 万亿倍），为制造新技术提供了观测证据，推动了超快科技的发展。

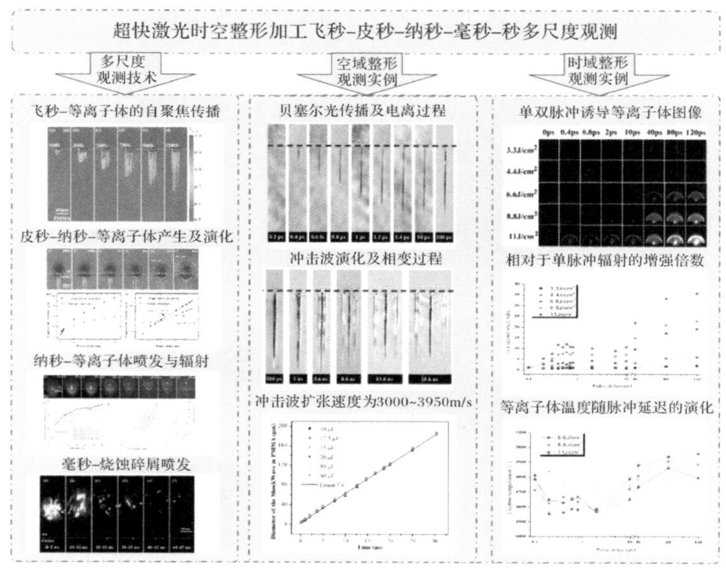

图 6.3　超快激光时空整形加工飞秒 – 皮秒 – 纳秒 – 毫秒多时间尺度的实时观测

6.3 激光微纳制造的重要工程应用

基于电子动态调控加工新方法，激光微纳制造首次实现了制造中对局部瞬时电子动态的主动调控，从而大幅提高加工质量、精度、效率、深径比等极限制造能力。应用该新方法，成功解决了众多重要工程的技术难题，为国家重大战略需求提供有力的支撑。

6.3.1 靶球微孔加工及检测

微孔作为一种常见结构，广泛应用于各个领域。但随着国家重大战略需求应用要求的不断攀升，微孔的深径比、孔径、形状复杂度、质量要求都不断推向新的极端。北京理工大学微纳制造团队利用超快激光时空整形微纳加工新方法，针对某国家重大工程核心结构微孔加工的技术挑战（如深径比大、极小化重铸层/溅射物、孔型质量要求高、极小化腔内残留物、加工效率亟待提高等），通过空间整形改变超快激光光场空间分布，控制瞬时局部电子密度分布及其相变过程，优化和调节等离子体喷发过程，攻克了大深径比（1000 ∶ 1，直径 1.5 μm）、高一致性（25 万孔/厘米^2）、高质量（无微裂纹/重铸层）、高效率（单光束 100 孔/秒）、极小化残留物等微孔制备难题（图 6.4），并被选定为该国家重大工程靶球微孔唯一加工工艺[155]。

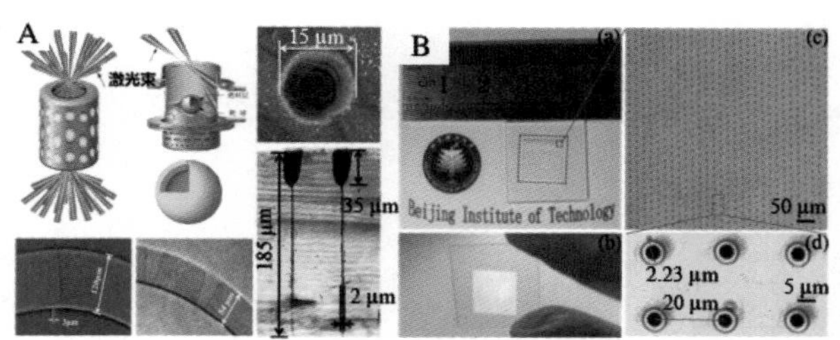

图 6.4 国家某重大工程靶球微孔加工

A，靶球微孔加工；B，单脉冲超快激光贝塞尔光束飞行打孔法实现高效率、高质量、高一致性的微孔阵列加工针对该国家重大工程中靶球内外直径及厚度参数的测试，北京理工大学研究团队提出了激光径向偏振差动共焦纵向场层析成像检测方法[156, 157]（图 6.5），利用差动共焦技术提高了共焦成像检测技术的轴向分辨能力；利用径向偏振紧聚焦技术和光瞳滤波技术显著压缩了聚焦光斑，改善共焦成像检测系统的横向分辨能力；再利用图像复原技术进一步改善横向分辨能力，进而改善系统的空间分辨能力。该方法结合图像边缘处理技术，可实现轴向 2 nm、横向 80 nm 分辨的结构测试，可用于大尺度、大凸凹变化标准样品的纳米精度计量测试与标定。

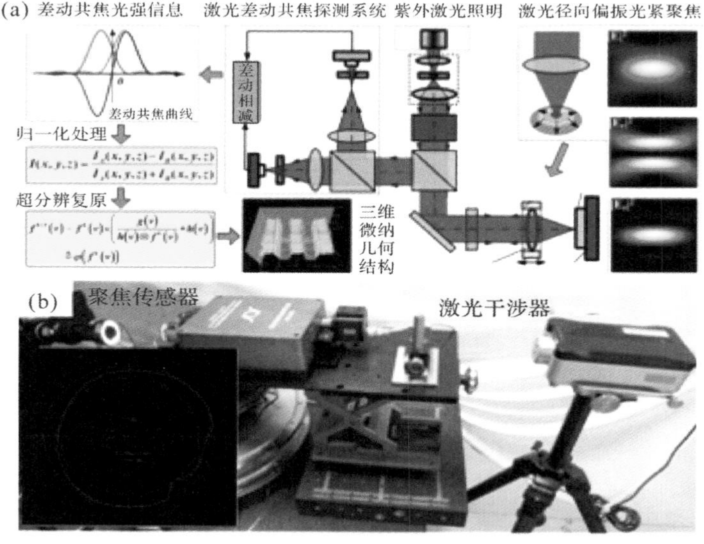

图 6.5　激光径向偏振差动共焦纵向场层析成像检测方法原理示意和装置

6.3.2　新型光纤传感器制造

北京理工大学研究团队针对光纤器件的三维微纳结构制造难题，采用飞秒激光制造新方法，在纯石英等光纤上高质量、高精度地加工出所发明的系列温度、压力、振动和浓度等新型传感器[158-160]（图 6.6），以及信号解调仪和测量仪，解决了严重制约我国尖端国防装备研制中的共性瓶颈挑战：微小区域、高温、高压、强电磁环境下测试。*Opt Laser Technol* 杂志主编 Cusano 教授评述新型传感器灵敏度为“目前的最高纪录”，成功应用于某高超音速飞行器高温应变测试、某隐身战机压力测试、某导弹 / 火箭引信桥丝点火温度、某炮膛温度 / 变形等多个国防领域重大装备关键物理量的测试，为我国尖端技术装备的研制 / 生产提供重要支撑。

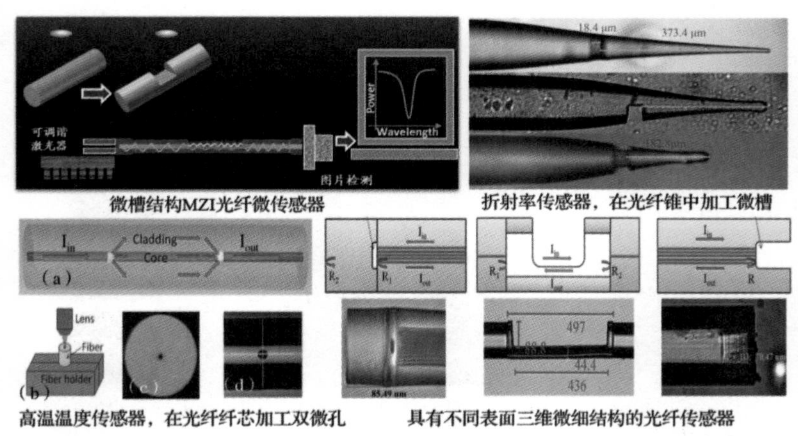

图 6.6　激光加工系列三维微细结构光纤微传感器

围绕提高制造精度和速度这两个关键问题，中南大学研究团队针对光纤器件的微纳结构制造难题，采用飞秒激光制造技术实现了光纤微 / 纳器件纳米级精度加工和新型器件结构制造，为我国自主制造高精度、高性能光纤器件提供理论基础和技术储备 [161，162]。阐明了光纤微 / 纳结构的飞秒激光加工成形机理，开展了透明介质材料的加工机理分析，通过设计光束控制系统和加工系统，运用 Bessel 整形光束，在靶材石英玻璃体内烧蚀加工半径可调节的圆环结构和微通道，实现深径比约为 500 ∶ 1 的微孔加工，并在光纤上实现微孔结构和长周期光纤光栅的快速加工，且微孔结构光纤具有较高的折射率传感特性；提出基于多光束同步辐照和飞秒激光非线性效应的高精度快速光纤微纳结构的制造方法，分别采用飞秒激光逐点法和线扫描法刻写出了长周期光纤光栅，并分析了逐点法下不同参数（光栅周期、光栅长度、占空比和扫描次数等）对刻写 LPFG 的透射谱的影响。理论分析了长周期光纤光栅温度特性，对线扫描刻写出的长周期光纤光栅进行了温度调控实验，实验结果表明其在低温段适合波长调控，在高温范围具有较高的温度灵敏度。部分结果如图 6.7。

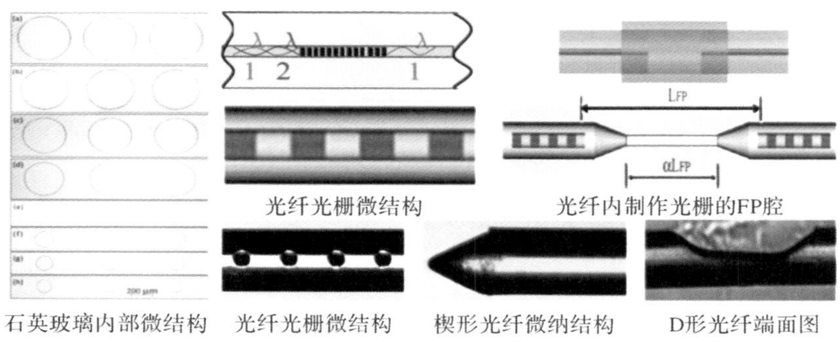

图 6.7 五环微纳尺度结构和光纤微孔侧面观测图

6.3.3 光学器件制造

光学器件制造由于材料加工难、精度要求高等特点，成为制造领域的难题。例如，红外制导窗增透是高速导弹的关键技术，一体化微纳结构无需镀膜，既保证可靠性，又有效实现增透，是高速导弹速度提升的关键制造瓶颈。红外制导窗增透存在共性挑战：难加工材料（硫化锌、蓝宝石、金刚石等）、大面积（数百平方厘米）、高一致性、三维曲面微纳结构，难于通过光刻、压印、反应离子刻蚀等加工。中南大学研究团队和吉林大学研究团队合作，采用超快激光直写在蓝宝石材料表面加工了大面积、高一致性的倒金字塔形微结构和孔阵列（周期 2 μm、直径 1 μm，高度 1 μm），透过率达 92%~95%；在 0~70°的入射范围，表面均保持高透过率（图 6.8（a））；同时，应用超快激光脉冲整形电子动态调控加工新方法，在硫化锌表面加工大面积（φ100 mm）孔阵列红外增透微结构（周期 ~3.6 μm、直径 ~3.3 μm，深度 ~0.8 μm），透过率超过 85%（如图 6.8（b））[163]。

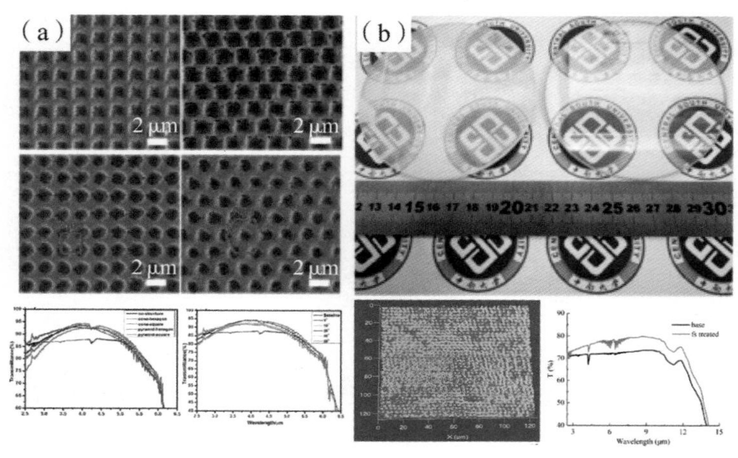

图 6.8　难加工材料增透结构制造
（a）蓝宝石材料；（b）硫化锌材料

非球面微透镜也是一种重要的光学器件，在航空、航天等领域有着重要应用。但由于其具有三维复杂难加工曲面，且精度要求高，因此成为光学器件制造的一大难题。吉林大学研究团队针对非球面微光学元件制造难题，提出了使用飞秒激光微纳加工技术加工曲面微透镜及阵列的新方法，为高精度、可重复、高效率激光微纳加工奠定了理论基础与技术支撑，为航空、航天和激光技术等领域亟需的非球面微光学元件制造提供了一种新的思路。该技术为有机电致发光、太阳能电池、高性能光纤传感、微流与光流检测、无膜增透红外制导等基础研究与国防应用前沿领域面临的共性微光学问题提供了新颖解决方案[164-167]。基于上述新方法与新技术，实现了以整形微透镜为代表的系列高性能微光学元件，如波带片、非球面折射透镜、折衍混合、可调谐透镜等（图 6.9）。此外，针对半导体二极管激光器光束整形这一难题，利用飞秒激光加工制备了用于垂直腔面发射激光器的集成非球面微透镜，将输出激光发散角由 18.16°减小到 0.86°。针对边发射半导体二极管激光器，制备了非对称多阶波带片和非对阵双曲面透镜，实现了从快轴 60°、慢轴 9°到 6.9 mrad 和 32.3 mrad 的理想整形效果，并实现了与光纤的耦合，效率高于 80%。

图 6.9　高数值孔径六角密堆积微透镜阵列的飞秒激光加工

6.3.4　新材料制备

超快激光加工新方法，不仅在传统材料的制造中有着重要的应用，在新材料的制备上，也表现出显著的优势。北京理工大学研究团队建立了不同维度石墨烯的激光辅助制备方法体系，利用激光与碳微纳材料相互作用，调控材料局部瞬时特性，实现高精度和高效率的多维度微纳功能结构制造 [168-170]：①激光直写快速制备良好单分散性零维石墨烯量子点（图 6.10（a））；②激光微纳加工一维石墨烯微纤维从而获得可以行走的机器人（图 6.10（b））；③激光快速辐照直写二维石墨烯薄膜从而获得石墨烯记忆二极管（图 6.10（c））；④激光辅助沉积制备功能性三维石墨烯泡沫等微纳功能结构（图 6.10（d））。利用上述激光加工新方法，构建出一系列功能性石墨烯基器件，极大地拓展了石墨烯等新材料在电容器、红外感应器、燃料电池和锂离子电池等领域的应用。

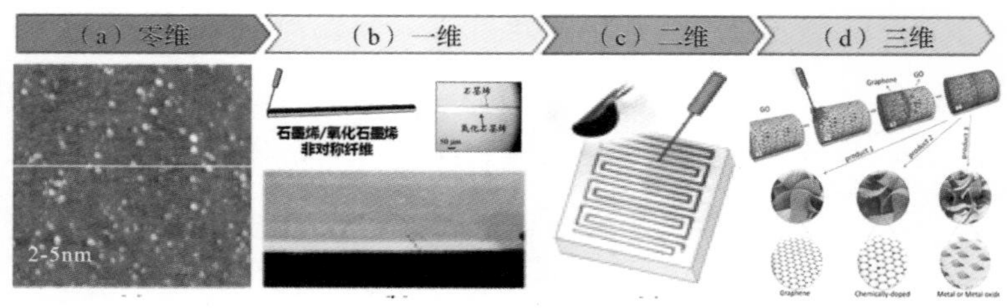

图 6.10 不同维度石墨烯的激光辅助制备方法

(a) 零维量子点；(b) 一维石墨烯纤维；(c) 二维石墨烯薄膜；(d) 三维石墨烯泡沫

6.3.5 纳米晶大面积组装结构制备

纳米晶组装结构为优化和调控材料性能提供了更大的灵活性和可能性，对化学催化、太阳能转换、生物医疗等领域的发展具有重要意义。利用激光制造的优势，北京理工大学研究团队建立了激光辐照胶体纳米晶大面积组装结构而获得微米级纳米超结构的方法，将共振连续激光与 Plasmon 组装纳米结构的相互耦合作用，调控材料微观结构的局部光热活性，实现了精准合成的 Plasmonic 零维纳米晶颗粒之间原位的焊接从而得到超结构，为实现零维纳米晶的组装结构的微纳制造和加工，进而获得颗粒之间高效的电子传输及器件应用奠定了坚实的材料基础 [171-173]：①利用共振耦合的连续激光辐照精准合成的 Au@CdS、Au 等 Plasmonic 零维颗粒组装薄膜，实现纳米颗粒之间的纳米焊接从而形成超结构，并实现其在光吸收和柔性器件上的应用（图 6.11A）；②利用精准合成的掺杂量子点（CdSe ： Ag）薄膜，在 3.1 eV 的连续激光辅助的 MCD 测试以及飞秒（95 fs 脉冲，~800 nm）激光的瞬态光谱测试，实现了在非磁性 Ag 掺杂 CdSe 量子点中的光诱导磁性（图 6.11B）。利用上述激光辐照加工新方法，将纳米颗粒进行微纳加工，极大地拓展了零维 Plasmonic 纳米晶以及掺杂量子点的自下而上组装方法学，并实现了其在光电探测、光磁耦合、自旋电子学等领域的新应用。

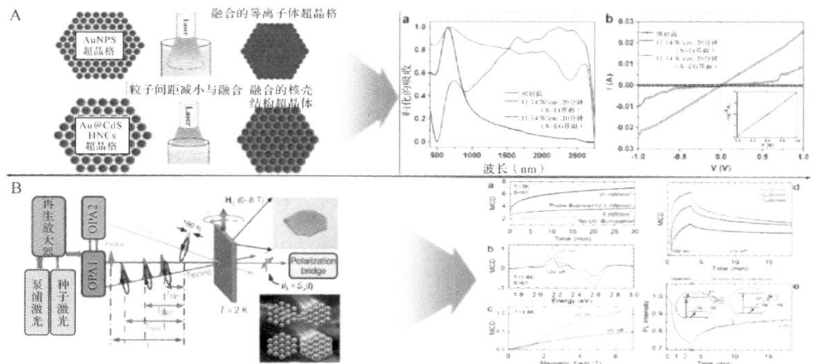

图 6.11　A：利用 532 nm （6.68~13.37 W·cm^{-2}）连续激光辐照精准合成的 Au@CdS、Au 等 Plasmonic 零维颗粒组装薄膜，实现纳米颗粒之间的纳米焊接成为超结构，并实现其在光吸收（a）和柔性器件（b）上的应用；B：利用精准合成的掺杂量子点（CdSe ： Ag）薄膜，在 3.1 eV 的连续激光辅助的 MCD 测试以及飞秒（95 fs 脉冲，~800 nm）激光的瞬态光谱测试，实现了在非磁性 Ag 掺杂 CdSe 量子点中的光诱导磁性（a~e）

6.4　激光微纳制造装备

大面积微纳 3D 形貌的高效加工是国际重大难题，其核心技术问题是如何将设计海量数据高效转化为 3D 微纳形貌。苏州大学研究团队基于激光空间整形加工新方法，提出基于位相 – 空间光混合调制数字化光场的光刻技术，采用“微纳结构光场”逐帧数字化滚动叠层（积分）技术（1.2 万帧 / 秒，1920×1080 数据 / 帧）、3D 导航飞行曝光模式，攻克了在翘曲表面上的复杂微纳 3D 形貌高效加工重大难题，研制成功“大面积微纳 3D 直写设备 MiScanV”（图 6.12），填补了行业空白，并成功应用于大面积柔性功能材料、大尺寸电容传感器、新型显示器件、MEMS 器件等国防和民用高技术研究领域。在国家“十二五”科技创新成就展中，大面积微纳 3D 直写设备作为国家“863 计划”先进制造领域标志性成果进行展出。目前，该装备已应用在中国电子科技集团有限公司、清华大学、香港理工大学等数十家单位的微纳材料与器件研制与制造，并出口俄罗斯、以色列等国。

针对在光子芯片、3D 显示、光波导器件的研制中，缺乏“亚纳米精度调控”技术手段的难题，苏州大学研究团队发明了“五维微纳光场调控的纳米光刻新方法（结构单元坐标、取向、结构尺度和深度）”，结构分辨率接近 $\lambda/4$，比投影光刻系统的分辨率提高 2 倍；并成功研发结构调制精度 <1 nm 的纳米光刻设备“NanoCryatal”，光场尺寸 100~250 μm，光场内结构尺度 >90 nm，幅面 6~32 吋，结构光场的光刻模式，速率达 100 ~500 mm^2/min，填补了行业空白，并实现了产业化应用（上海交通大学、香港理工大学和多家企业）。

图 6.12　大面积微纳 3D 直写设备 MiScanV 及其标志性成果

第 7 章　其他纳米制造原理与技术突破

围绕纳米制造中的纳米精度制造、纳米尺度制造以及跨尺度制造的核心研究目标，针对纳米材料制造、特种纳米加工方法、纳米器件集成制造以及纳米计量与测量等细分领域，本重大研究计划进行了相应布局与项目支持，取得了原理与方法的突破，为我国纳米制造领域的全面发展提供支撑。

7.1　功能纳米材料 / 结构的制备与应用

针对纳米材料制造的重大需求，本重大研究计划在“功能纳米材料构建纳米结构”进行了项目部署，发展了围绕贵金属纳米材料、碳材料、半导体纳米材料、聚合物材料等的制备技术，形成了服务于高灵敏度生物传感、高精度生物成像、高效率能源转化和收集等的新型材料与器件，建立了基于纳米印刷功能材料的典型制造方法，实现了从材料制备到原型器件大批量制造的完整工艺链条。

7.1.1 功能纳米材料 / 结构的制备

吉林大学研究团队[174-176]利用聚合物材料与金属和无机非金属材料的互补性，提出了构筑二维有序微纳结构的技术方案。利用水热合成方法制备低毒、高效的荧光聚合物碳点，在交替层中引入对溶剂、离子、pH 值及交联具有响应性的聚合物分子，得到了不同响应特性的一维光子晶体，在一维光子晶体的基础上，通过紫外光原位还原银离子，在一维多层膜结构中一步生成三维微纳结构；构筑了非球对称和单向浸润的二维有序微纳阵列，形成了微流体体系单向阀门器件；利用胶体刻蚀技术结合 SI-ATRP 原位聚合制备了二维多级微纳有序结构，构建了多尺度、具有梯度特征的蛋白质图案，制备了单链 DNA 纳米锥阵列和二维多级 DNA 图案化微纳结构，可被用于靶标 DNA 传感。

中国医学科学院研究团队[177-179]基于 DNA 模板制造了高精度、跨尺度的平面纳米金阵列，丰富了纳米制造理论基础及工艺与装备制造方法。通过静电力、化学键合及生物识别等不同作用模式，实现了金纳米棒的可控自组装，研究了金纳米棒的电磁场分布和拉曼增强效应。该研究工作获得本重大研究计划的延续资助，发展了一种新型通用纳米组装体的设计方法，构建了载药壳聚糖 - 金纳米棒组装体。体外细胞实验评价结果显示，并肩排列的纳米棒在肿瘤治疗中效果良好，为肿瘤治疗研究开拓了新的治疗途径——化疗 - 光热疗一体化，对大分子量分子（如聚乙二醇的分子量为 1000~12000）、金属离子（如：汞离子，检测限 0.1 nM）、小分子（如：茶碱，检测限 0.05 μM）进行了高特异性和灵敏性的检测。

中山大学研究团队[180-183]建立了大面积有序生长纳米半导体材料的电化学制备方法，实现了在 Cu、Ni、Ti 和 ITO 等宏观尺度基体上制备 ZnO/ZnS、ZnTe/CdO、CdS/CdTe 和 PbS/PbTe 等纳米半导体材料，对促进纳米半导体材料科学的发展及其应用具有重要的推动作用。合成了 MnO_2/Mn/

MnO_2 三明治结构的纳米管阵列，并探讨了其在储能领域中的应用；提出了 TiN 纳米线阵列电极材料的制备方法，并利用固态聚合物电解液代替液体电解液，提高了循环稳定性，在循环 1.5 万圈后其稳定性仍然保持 83% 以上。该研究工作获得了本重大研究计划的延续资助，开展了基于电化学方法的大面积有序过渡金属基储能材料的纳米尺度制造及其柔性储能器件研究，在混合型超级电容器负极材料研究、新型钒氧化物负极储能材料及其混合型超电容器件研究、锰基柔性可穿戴非对称储能器件、可拉伸的柔性超级电容器研究等方面取得了进展。部分代表性结果如图 7.1。

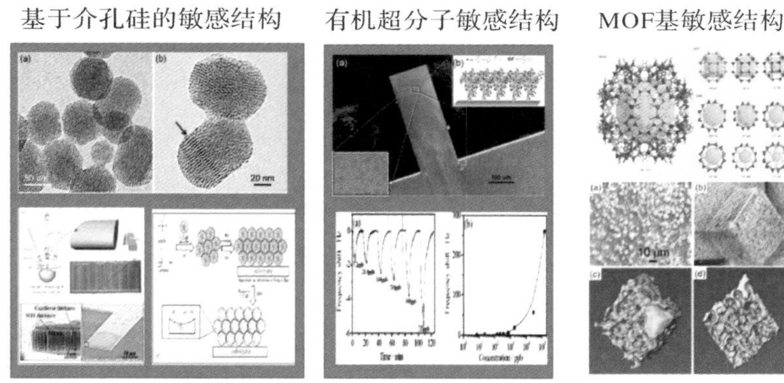

图 7.1　纳米材料制造的部分代表性成果

7.1.2　纳米材料混合印刷技术与应用

在功能纳米材料制造的基础上，中国科学院苏州纳米技术与纳米仿生研究所研究团队 [184-187] 开发了柔性透明导电膜的纳米材料混合印刷制造技术，突破了传统技术中导电性与透过率相互制约的问题，在大面积低成本制造柔性显示、发光、薄膜太阳能电池、低成本射频识别、传感器等领域具有广泛的应用前景。该团队通过研究大面积印刷纳米传感器阵列制造技术的均匀性、一致性问题，为进一步实现电子器件的大规模批量化制造奠定了基础。发明了结合纳米压印与纳米墨水材料填充的混合印刷新技术，并建立了从喷墨打印到丝网印刷与凹版印刷等多种印刷工艺，该项发明获得 2014 年中国专利金奖；在产业推广方面，研制出印刷纳米银金属网栅柔性透明导电膜触控传感器，并已应用于手机与平板电脑触摸屏；印刷纳米银柔性透明导电膜已实现大规模量产，电子皮肤传感器与甲醛传感器均已达到实用化水平，已在相关企业进行产品开发。部分结果如图 7.2。

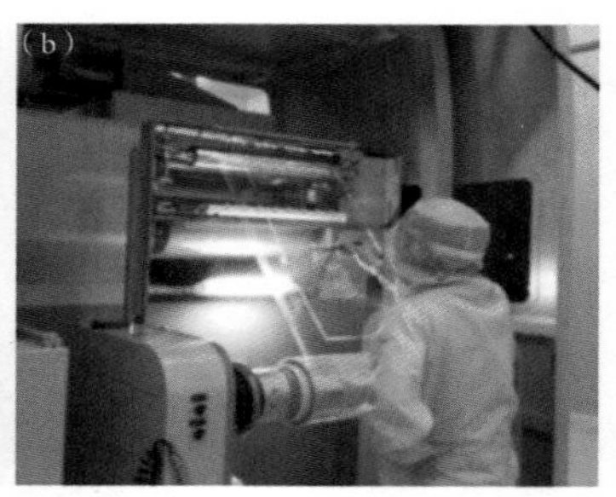

图 7.2　批量化电子器件的纳米印刷制造技术

（a） 印刷场效应晶体管功能电路；（b） 印刷透明导电膜触控传感器

7.2　纳米结构的无掩膜制造

在本重大研究计划资助和支持下，围绕纳米制造需求，我国科研人员在纳米切削、近场光刻、无掩模光刻、纳米摩削、多光子加工等方面进行了卓有成效的探索，初步探明了无掩模制造技术的加工原理，形成了各具特色的纳米结构制造方法和技术路线，丰富了我国纳米制造的技术内涵。

7.2.1　纳米切削机理与离子注入辅助加工

天津大学研究团队针对纳米切削制造中高效率、低损伤的基础理论与控制难题，开展了纳米切削的理论研究，开发出具有自主知识产权的纳米切削新工艺与新方法，为纳米精度复杂面形加工提供了重要的参考手段，对我国先进制造产业的发展起到了重要的支撑作用[188-191]。

从微观力学角度研究材料去除机理，利用微细宏嵌合理论对纳米切削加工过程进行建模与介观尺度模拟，建立纳米切削的三维分子动力学以及多尺度分析方法及仿真平台，系统分析了纳米切削过程的模型差异以及尺寸效应。提出了纳米切削过程中材料去除的纳米推挤机理，解释了纳米级精度表面形成原因；提出了离子注入辅助纳米加工新方法；开展了表面渗氮辅助加工方法和超声辅助切削方法的理论及工艺研究，有效减小了金刚石刀具磨损，实现了碳钢材料的超精密切削；研究了基于聚焦离子束的纳米刃口刀具的制备方法，实现了纳米刃口微刀具的高效高精度制备；提出纳米切削中产生切屑的刀具的最小刃口半径为 10 nm，为刀具制备精度提供了依据；开发了离子注入改变被加工材料表层性能，实现高效纳米切削的新方法，实现了最薄切屑为 6 nm 的稳定切削。部分结果如图 7.3。

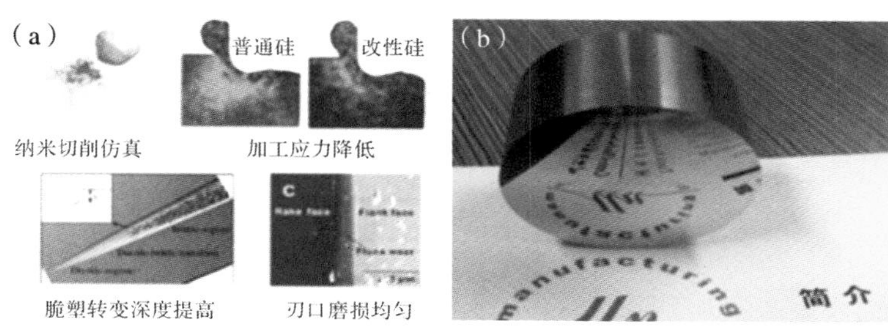

图 7.3 纳米结构的纳米切削加工方法
（a）离子注入后的切削性能变化；（b）纳米切削典型器件加工结果

7.2.2 纳米结构的旋转式近场光刻

清华大学研究团队开发了一种新型的旋转式近场光刻方法，利用表面等离子体透镜在近场范围内的优异聚焦特性，结合工件高速旋转时对光刻头产生的气浮作用形成稳定的近场条件，实现高分辨、高效率、大面积的纳米结构加工[192-194]。

该团队深入地研究了表面等离子体在30 nm的近场范围内的传播特性、纳米间隙下稀薄气体润滑理论和表面力作用规律以及纳秒间隔内光刻胶的快速反应机制，研究了光刻头动力学设计理论，突破旋转式近场光刻制造的核心技术，建立了纳米图案的旋转式近场光刻原型制造系统，实现了具有一定复杂程度、特征线宽50 nm的图案的高效率、低成本制造。在线速度为11.3 m/s的工况下，实现了16.85 nm的线条图形加工，以及50.71 nm和75 nm的半间距加工。部分结果如图7.4。

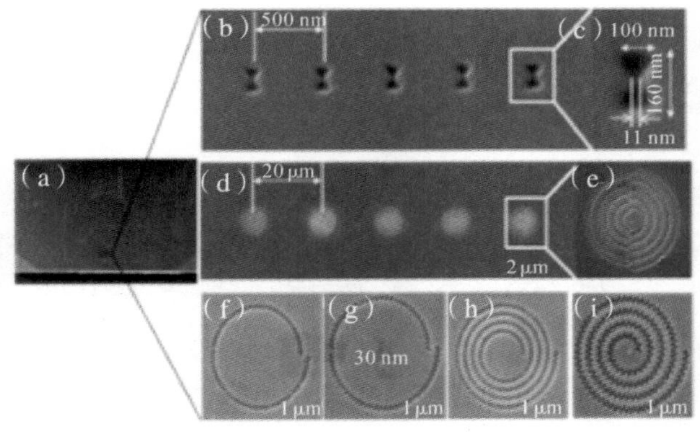

图7.4 表面等离子体透镜加工结果

7.2.3 纳米锥的无掩膜刻蚀制造

中国科学院物理研究所研究团队针对纳米锥的低成本一致性和批量制造瓶颈问题，实现了表面纳米锥的无掩膜等离子体刻蚀制造技术，通过控制温度场、离子能量及表面离子溅射过程，优化关键制造工艺，实现了表面纳米锥的大面积、一致性、普适性和可控性制造[195-197]。

该团队研制了无掩膜等离子体刻蚀装置，提出了双等离子体区域、灯丝排列形状和偏压控制电源等关键部件的优化设计方法，发展了表面纳米锥的无掩膜刻蚀自主技术，获得表面纳米锥无掩膜可控制造的关键工艺，实现了纳米锥的大面积（4 英寸）、密度一致性（~5%）、可控性（锥高 0.2~3 μm、锥角 15°~45°、锥密度 10^6 以上）、普适性（适合多种材料）、图形化和批量制造。研究了表面纳米锥光电特性及应用，实现了宽波段超抗反射特性（反射率低于 1%）、优异稳定的电子场发射特性（电流密度最大超过 10 mA/cm^2）、宽波段光探测和高灵敏传感（灵敏度提高 5 倍），具有增强表面增强拉曼散射效应（场增强因子 >10^8 以及 >5 nM 的检测能力）和可控的超浸润特性（从超亲水到超疏水且超黏附特性），且可作为三维电极结构应用到超级电容和锂电池中，极大提高能源器件的整体性能（可循环使用 1 万次）。部分结果如图 7.5。

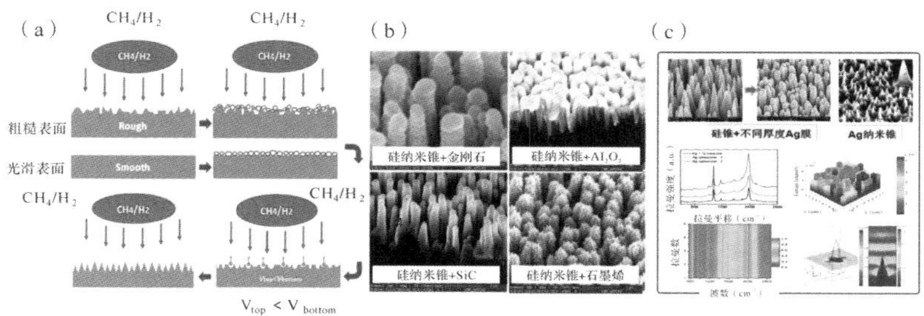

图 7.5 表面纳米锥结构无掩膜可控制造

（a）无掩膜等离子体刻蚀纳米锥形成原理；（b）硅纳米锥结构作为功能模板；（c）金属纳米锥阵列结构表面增强拉曼散射特性

7.2.4 纳米特征的约束刻蚀原理与方法

针对大规模集成电路、现代光学精密系统等重大需求，研究人员提出了原创的约束刻蚀原理与方法，应用于大尺寸硅片铜互连表面平坦化与硬质光学材料的纳米加工等领域，建立了约束刻蚀纳米加工设备的基础理论与方法。

大连理工大学精密制造团队[198-202]针对特大规模集成电路制造中具有低强度 Cu/Low-k 结构的大尺寸硅片铜互连表面平坦化难题，提出了基于约束刻蚀加工原理的无应力平坦化加工新方法，发展了 3 种原创性的平坦化方法：基于扩散控制反应的电致化学抛光方法、基于聚合物的膜约束刻蚀抛光方法以及基于光诱导约束刻蚀的化学抛光方法，实现了大面积（毫米 / 厘米级）平坦化加工。

针对由电极和工件表面形成的微纳间隙造成的大面积一致性加工难题，创新性地发展了对间隙敏感的刻蚀加工方法，通过设计、调控大面积微纳米量级间隙内的反应过程，精确控制化学约束刻蚀中的扩散过程，发展了不依赖于约束剂的间隙敏感刻蚀加工方法，实现大面积的约束刻蚀平坦化；提出了基于扩散控制反应的电致化学抛光方法，以粗糙铜表面抛光为研究对象，在 0.2~1.1 V 三角波电压、0.5 μm 加工间隙和 24 min 加工条件下，将粗糙度 Ra 由 100.5 nm 减小为 3.6 nm。研制了大面积平滑电极制备和纳米精度的化学刻蚀平台，实现了 50 mm 区域铜表面的平坦化加工，PV 值由 260 nm 下降到 120 nm，粗糙度 Ra 值从 82 nm 下降到 4 nm；创新性地提出了基于氧化还原聚合物纳米膜的电化学刻蚀平坦化方法，采用氧化还原水凝胶聚合物构建大面积工具电极表面和工件表面的微纳量级的间隙，利用氧化还原水凝胶聚合物独有的物理化学性质，控制这一特殊空间内的反应过程，实现了纳米精度的刻蚀加工，以表面粗糙度 Ra 为 3.8 nm 的玻碳电极为工具电极，实现了 50 mm 区域铜工件表面的平坦化加工，PV 值由 3.95 μm 下降到 1.93 μm，粗糙度 Ra 值从 2.6 nm 下降到 2.2 nm。部分结果如图 7.6。

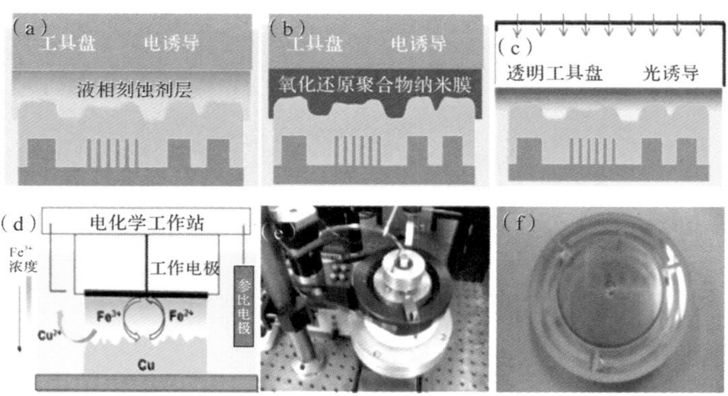

图 7.6 大面积铜互连层表面的约束刻蚀化学平坦化

（a）电化学液层体系抛光；（b）电化学膜层体系抛光；（c）光化学液层体系抛光；（d）铜 EGCP 抛光原理图；（e） EGCP 原型系统研制；（f）抛光后电极实物照片

上海交通大学研究团队[203-205]针对微纳光学元件制造中三维浅浮雕图形化过程中的硬质光学材料纳米加工需求，围绕约束刻蚀剂层技术、电化学纳米加工的基础理论与关键技术，开展纳米制造的相关研究，对 GaAs、石英等光学材料的加工分辨率达到纳米级尺度，形成了一套工艺简单、适用于多种材料的浅浮雕阵列图形纳米精度复制加工的新工艺与新装备，推动了三维微纳米制造技术的进步。针对 GaAs 的 Br_2/L-cystine 约束刻蚀体系，利用扫描电化学显微镜的反馈模式和产生收集模式实验，结合 COMSOL Multiphysics 仿真模拟确定了刻蚀反应与约束反应速率常数。由仿真和实验探明了影响加工精度和大面积加工均匀性的主要因素，通过优化刻蚀体系组分浓度和加工工艺参数，在研制的加工装置上实现了 GaAs 上微透镜阵列的纳米精度高成品率复制加工；此外，发展了电化学湿印章约束刻蚀剂层技术和金属辅助约束刻蚀剂层技术，在半导体和金属上加工出三维微纳结构，包括折射型、衍射型微透镜阵列和表面增强红外元件。部分结果如图 7.7。

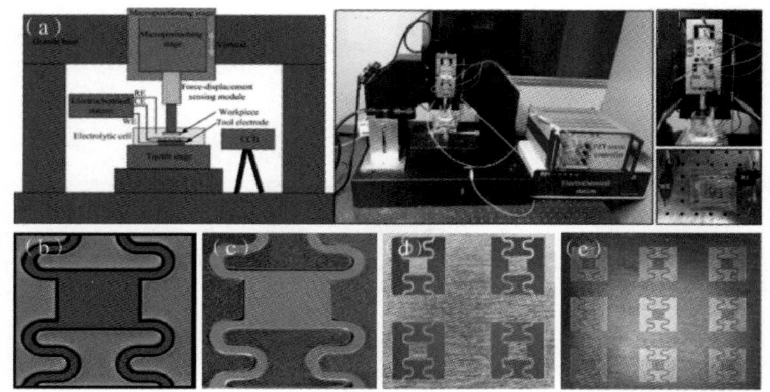

图 7.7 CELT 在 GaAs、镍、铝、硅基底通过电解方法复制的微纳米结构
（a） CELT 微纳加工系统；（b）硅模板图案；（c） GaAs 图形；（d） 铝上图形；（e） 镍上图形

7.2.5 金属微纳结构的多光子制造

中国科学院理化技术研究所研究团队针对三维金属微纳结构的加工与制备，探索了基于非线性光学效应—多光子效应的纳米尺度多光子光化学还原反应控制原理，发展了具有原创性的、超越光学衍射极限的三维金属微纳结构加工新方法、新工艺与新装备原理，为我国前沿技术研究及高科技应用领域的发展提供了重要支撑[206-208]。

该团队提出了双波长、双光束、多光子金属纳米结构加工的新方法，解决了由于多光子光化学还原所生成的金属纳米粒子在加工过程中的扩散问题，实现了特征尺寸 28 nm 金属结构加工，为金属纳米结构与器件的低成本、大面积、快速制造提供了有效途径；此外，揭示了调控光与物质非线性相互作用的微纳加工新机理，提出了等弧扫描方法和壳层扫描技术，加工精度从百纳米提高到了 20 nm，平面和曲面造型的表面粗糙度小于 5 nm。部分结果如图 7.8。

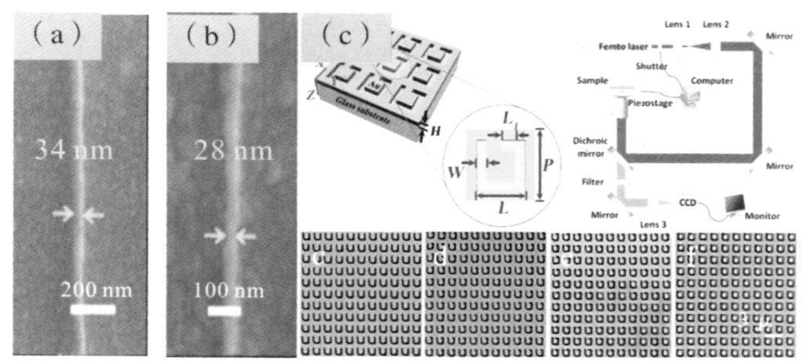

图 7.8 金属微纳结构的多光子加工

（a~b）线宽为 34 nm、28 nm 的银纳米线制造；（c）二维手性互补超颖材料制造

7.3 新型纳米器件制造

在本重大研究计划实施过程中，围绕新型纳米器件的设计与制造，我国科研人员在二维材料（如石墨烯、二硫化钼等）纳米器件制造与三维纳米器件制造等领域进行了深入研究，形成了若干原创的制造原理与制造方法。

7.3.1 二维材料器件原理与制造

针对 10 nm 以下功能器件加工的挑战，南京航空航天大学研究团队通过理论计算结合高分辨电镜原位观测，发现电子束引起二硫化钼单层的相邻孔洞在聚合前发生自发相变，生成尺寸均一、仅有 0.35 nm 宽的硫化钼纳米带。该纳米带在电子束照射下比完整的二硫化钼母材更稳定，因此可以在电子束照射范围内整齐、大范围生成，有希望作为模板将“Top-Down”的纳米制造技术从 10 nm 节点突破到亚纳米级[209]，如图 7.9（a）。该方法同时预言了多种有类似能力的低维材料亚纳米模板化加工能力，论文发表后引起国际上的迅速关注，美国橡树岭国家实验室等的研究人员称其为

“先驱性的结果”，并在此基础上可控地实现了亚纳米制造。该技术方法为“Top-Down”可控制造亚纳米结构提出了新途径，受 *Nat Nanotechnol* 邀请撰写了 News & View[210]。

该团队首次发现石墨烯新型器件构筑及波动势、拽势等水伏效应的可能[211,212]。通过改进大面积高质量石墨烯的沉积制备过程和能量转化器件设计，以系统的实验和理论澄清了 2001 年以来碳纳米材料捕获流体能量研究中的巨大实验结果差异和机理矛盾。发现在石墨烯插入含离子溶液过程中，会在石墨烯两端产生电压，该现象被命名为“波动势”，如图 7.9（b）。当石墨烯匀速插入溶液中时，波动势与插入溶液中石墨烯的长度成正比关系。结合第一性原理计算揭示了此现象的产生机制：液面附近阴离子对石墨烯表面吸 / 脱附阳离子的响应速度滞后于石墨烯中电子的运动速度，导致石墨烯内产生电势差。此电势差与运动速度成正比，且和离子种类相关；在石墨烯波动势工作基础上，继而发现当在石墨烯表面拖动含离子液滴运动时，会在石墨烯沿液滴运动方向的两端产生电压，该现象被命名为“拽势”，如图 7.9（c），并且这一拽势与液滴的运动速度及数目成正比关系，可以利用其来探测石墨烯表面液滴的运动速度[213,214]。波动势、拽势揭示了双电层边界运动生电的原理，被英国物理学会纳米技术网评论为“拓展了 1807 年以来建立的 200 多年的电动理论”，为新型的水伏能量捕获和表面传感器件设计奠定了基础。

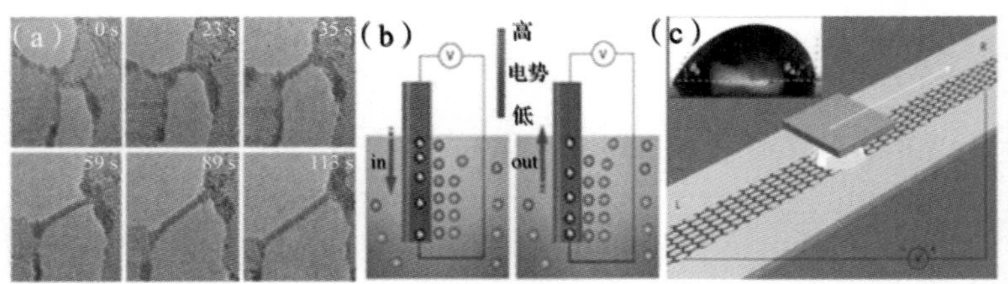

图 7.9 低维材料亚纳米模板化加工能力及石墨烯新型器件构筑及波动势、拽势
（a）硫钼亚纳米结构；（b）石墨烯中的波动势；（c）石墨烯中的拽势

7.3.2 纳米结构与器件的跨尺度三维互联与集成制造

针对跨尺度结构与器件对三维纳米操作与互连技术的需求，哈尔滨工业大学纳米制造团队提出了基于双 AFM 探针实现跨尺度结构与器件的测量和三维操作的创新方法，构建了设备原型，实现纳米结构与器件的三维排列、操作与互连，为纳电子制造、NEMS 制造提供技术支撑 [215-218]。针对纳米线 / 管的三维操作和组装，设计并建立了具有自主知识产权的基于双探针 AFM 的纳米机器人系统及控制系统，实现了纳米线 / 纳米管的三维纳米操作、组装与互连。如图 7.10 所示，在所开发的纳米机器人系统上，开展了包括系统的精密标定、黏附力与摩擦力的模拟计算与测定，成功实现了 50~200 nm 的纳米线三维操作和组装实验；此外，针对三维纳米操作和组装，开展了力调制模式蘸笔纳米刻蚀技术（FM-DPN）的研究，得到了 DPN 结点直径与针尖与基底间作用力之间的定量关系，探索了不同维度纳米结构间的互连方法。

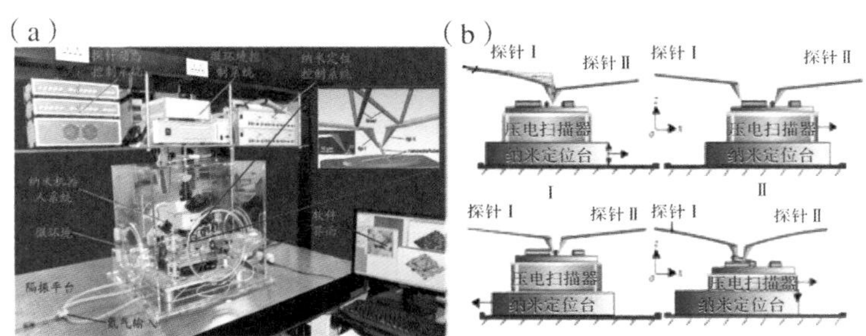

图 7.10　基于 AFM 探针的纳米材料的三维操控与组装

（a）纳米机器人系统实物；（b）三维纳米操作和组装的流程

华中科技大学研究团队在碳基和硅基仿生微纳集成结构的设计、制造方法和原理上进行了深入研究。针对生物表层的三维多级多层微纳结构进行了跨尺度仿生微纳结构的设计优化，开发了仿生三维多级多层微纳结构的跨尺度微纳制造技术 [219-222]。如图 7.11，针对规模化制造高性能的复合微纳电极阵列展开研究，制备了大面积的 C-MEMS/CNT/MnO_2 复合三维微纳多孔电极阵列结构，实现高性能的新型微超级电容，为纳米技术在微能源领域的应用提供新的微纳集成制造原理和方法。

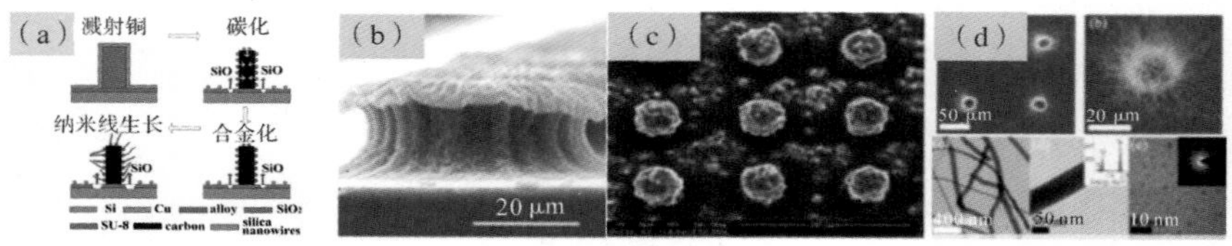

图 7.11　微纳集成结构的设计及大面积制造

（a）微纳结构生成机理；（b）Al 皱褶；（c）纳米线、PPY 集成结构；（d）碳电极、纳米线集成结构

7.4　纳米制造中的精度计量与溯源

纳米计量与测量，是纳米制造中制造方法、制造工艺、制造装备等精度保障的重要环节，是纳米制造的关键要素之一。本重大研究计划针对纳米制造中的计量与测量，进行了项目部署，保障了我国纳米制造体系的全面发展。

7.4.1　纳米 / 亚纳米误差传递与溯源

西安交通大学研究团队针对纳米样板的制备与测量比对、纳米粗糙度的分析与表征、纳米粗糙度与纳米器件 / 系统性能的关系、纳米结构侧壁几何特征参数的测试等标准评价体系，开展了纳米制造中的计量溯源与测试理论研究[223-225]。制备出了 8 nm、18 nm 和 44 nm 的纳米台阶高度样板，所制备的系列台阶高度样板作为该尺度的标准样板，成为纳米测量 / 溯源基准；建立了纳米粗糙度评定数学模型，并对纳米结构特征和功能特征进行了提取与分析，建立了纳米结构的纳米 / 亚纳米级粗糙度的测量方法；提出了基于碳纳米管的 AFM 探针制备方法，发展了基于碳纳米管探针的大深宽比纳米结构测量方法，实现了大深宽比纳米结构的测量，部分结果如图 7.12。

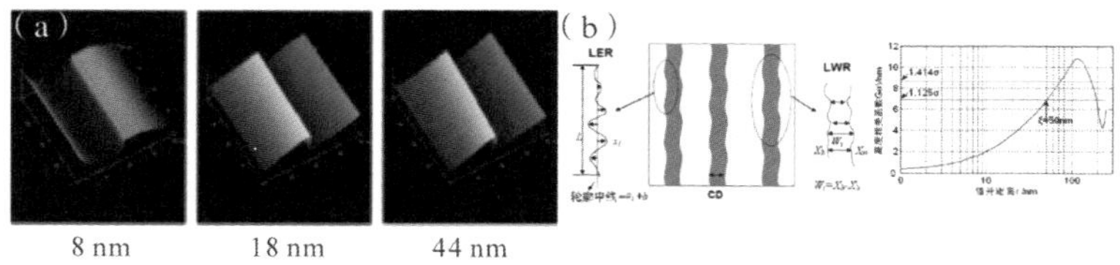

图 7.12 基于纳米样板的计量溯源与测试
（a） 德国 PTB 校准的台阶高度样板；（b） LER/LWR 样板的制备与表征

中国科学技术大学研究团队针对制约扫描探针显微镜（scanning probe microscope，SPM）纳米测量和纳米加工的扫描速率较慢、漂移等问题，对 SPM 纳米测量的影响因素进行了系统分析，探索了 SPM 漂移测量和补偿、原子光栅原理和应用等研究。在此基础上，将上述研究成果提升到国家和国际标准文件中去。在国际上首次提出基于 SPM 测量图像的 X、Y 和 Z 方向漂移的定量测试方法，可实现小于 0.01 nm 漂移的高分辨率测量。主持制定了国际标准《扫描探针显微镜漂移测量方法》，该标准不仅适用于基于 SPM 测量图像的漂移速率评价方法，对纳米级测量仪器稳定性评价也有重要参考价值。

随着巨型构件加工、大尺寸工业检测、大型科学仪器等的发展，研制性能优异的大量程、纳米精度定位驱动控制技术和仪器设备更是已经成为纳米制造装备和纳米测量仪器发展中迫切需要解决的问题。西安交通大学研究团队基于纳米压印研究基础，开展了高精密超长金属光栅的制造工艺研究，实现了量程大于 3 m 的超长光栅制造及读数系统开发，精度优于 0.2 μm/m。

7.4.2 纳米材料和纳米结构检测与表征

华中科技大学研究团队提出计算测量（computational metrology）基本思想，以广义椭偏仪纳米结构形貌参数测量为例，系统研究并解决了计算测量中的可测量性、误差分析与测量不确定度评估等基础科学问题与关键技术难题[226-228]。自主研制了覆盖深紫外到红外波长范围的宽光谱广义椭偏仪原理样机，性能及技术指标达到国际先进水平，适用于大面积纳米结构制造过程在线、精确测量。同时，自主研制出我国第一台高精度宽光谱穆勒矩阵椭偏仪，发明了宽光谱消色差补偿器、仪器精密校准算法等核心部件与关键技术。自主研制的高精度宽光谱穆勒矩阵椭偏仪已在比利时微电子研究中心等国内外 10 多家单位获得成功应用，打破了长期以来我国高端椭偏仪市场完全被国外企业垄断的局面，促使国外椭偏仪厂商在两年之内降价幅度达到 30% 以上，产生了显著的社会经济效益，部分结果如图 7.13。

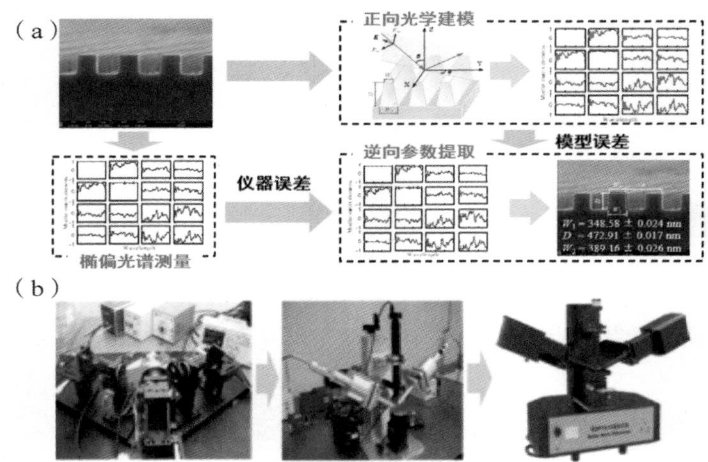

图 7.13 自主研制的宽光谱广义椭偏仪原理样机

（a）纳米结构椭偏散射计算测量理论与方法；（b）自主研制的国产化高精度宽光谱穆勒矩阵椭偏仪

随着物理、化学、材料等学科的进一步发展，纳米制造的新原理与新方法不断涌现。在主流纳米制造方法之外，鼓励学科交叉、持续资助创新原理与制造方法，是推动纳米制造不断延伸的动力源泉，为占领未来纳米制造制高点提供方法储备与技术支撑。

第8章 展 望

本重大研究计划通过原理创新及前沿技术攻关，将我国制造技术从微米制造推进到纳米制造，奠定了我国纳米制造的基础，为实现中国制造的战略任务、在纳米制造领域形成国际影响等方面发挥了重要作用。但纳米制造如何进一步深入服务国家重大战略，解决“卡脖子”问题，引领国际研究前沿，提高成果原创性及显示度，是我们面临的一个重要问题，所提出的纳米制造理论模型如何不断改进和完善，这是需要长久面对的技术难点。因此，我国要鼓励特异性研究，探索纳米制造新方法与新工艺，以适应快速拓展的纳米制造研究；在已形成的跨学科研究课题组基础上，充分协同，集中攻关“卡脖子”技术，服务于国家重大战略需求；稳定并发展纳米制造研究队伍，建立可持续发展的集成创新平台。在未来纳米制造布局中，我国研究学者应不忘初心，砥砺前行，在纳米制造重大研究计划的研究成果基础上，将制造尺度延拓至原子尺度，探索支撑原子级制造的理论与关键技术，阐明广泛材料原子级制造的机理，建立基于上述新原理的工艺与装备，实现若干国际引领的纳米制造理论与技术。

8.1　我国纳米制造存在的不足和战略需求

8.1.1　我国纳米制造存在的不足

（1）成果应用不足，尚未解决“卡脖子”问题

本重大研究计划形成的新原理、新方法、新工艺等成果，大部分尚未取得工业应用，对“卡脖子”技术的贡献还有待进一步提升。针对当前的“卡脖子”技术（如芯片制造、高端装备制造等）和未来可能的“卡脖子”技术（如人工智能、基因工程等），从原理、方法、技术等层次提炼瓶颈问题，提供解决方案，满足未来国家重大科学 / 工程（深空、深蓝、深地）的新需求。

强化以国家目前战略需求为导向，对于诸如纳米器件的加工、表征技术和设备等目前相对落后，但对未来产业竞争至关重要的领域进行强化部署，努力突破制约纳米科技发展的技术瓶颈，力争在这些领域尽早实现重点跨越，跻身国际前沿。

（2）原创成果有待加强

纳米制造作为现代先进制造科学技术，不同于传统制造的理论和技术范畴，更多依靠于新的科学原理和理论基础。当前，纳米制造的新原理和新方法略显薄弱，相关科研人员要大力提升原始创新能力，充分发挥科学想象力，抢占原始创新战略制高点，将我国纳米制造理论从“跟踪”发展到“引领”。

（3）多学科深度交叉亟需深入

纳米制造是多学科深度交叉的前沿领域。在进一步发展中，需要大力加强制造与力学、化学、信息、能源、电子、生物等领域的交叉合作与研究，

从科学理论层面进行深度交叉，形成对重大科学问题和共性关键技术的攻关能力，成为国际一流的创新高地，推动我国纳米制造技术的发展。

（4）对新兴领域的支撑作用亟待提升

以新材料、新能源、装备制造、信息技术、航空航天、环境保护、医药健康等领域的研发为牵引，发展纳米制造和表征技术，实现纳米制造技术的高度交叉和集成。探索建立纳米加工与表征技术的标准，为产业服务，实现大平台的引领和服务功能。

8.1.2 我国纳米制造的发展战略

（1）加强基础研究的学科交叉，重视源头创新

围绕可能催生重大创新和深刻影响未来发展的纳米制造中的前沿研究领域，提出新的重大科学问题，形成新的交叉学科领域，开展原创性基础前沿研究，力争产出影响人类文明和社会进步的重大科技成果。整合纳米制造已立项项目的研究力量和研究基础，面向国际学科前沿、国家重大需求和国民经济主战场，集中攻关、解决重大的挑战性科学问题或突破重大的应用技术。鼓励多学科的交叉和集成，加强纳米技术与信息、生物、能源、环境等领域的交叉合作，发展具有自主知识产权的关键技术。

（2）深化纳米制造研究，加强对国家重大科学 / 工程的支撑作用

深刻分析我国经济、社会和科技发展的战略需求，强化国家目标导向，建立完善的协调机制。在基础研究领域，科学家需要把论文发表在世界顶级科学杂志上，在世界科技前沿为祖国争光；而在应用和开发领域，科学家则需解决国民经济和社会发展面临的关键难题，把科技论文写在祖国的

大地上，为国家现代化建设做出贡献。机理研究结合应用，具体落实到国家重大研究任务，为国际制造前沿发展和解决国家重大需求做出贡献。

（3）加强对新兴领域的支撑作用

纳米制造作为下一代高性能计算机及信息技术领域的基础，研制集成纳米传感器系统等，为信息领域提供强有力的技术支撑，决定着中国未来微电子产业的发展方向及中国制造向中国创造的衍变；在环保和能源领域，纳米制造技术会为环保应用及世界对新能源的需求方面提供新的解决途径；在航空航天领域，纳米制造技术的发展不仅可增加有效载荷，使耗能指标成指数倍降低，还有望通过研发轻质、高强度、热稳定材料来进行飞机、火箭、空间站、行星 / 太阳探测平台设计与制造；在国防安全军事应用领域，纳米制造技术发展，特别是微 / 纳机电系统的进一步研制，将为中国军事、国防事业的发展及军工企业的制造、产品升级提供技术支持，为军事科技工作者研制纳米武器奠定技术基础。

8.2 纳米制造持续研究的设想和建议

8.2.1 纳米制造持续研究的设想

随着技术水平的爆炸性急剧提升及社会经济发展内在需求的推动，纳米制造不再仅仅满足于制造尺度这种单一维度的发展方向，逐渐向跨尺度、多材料方向发展。在制造精度上，进一步逼近目前制造方法的物理极限；在制造尺度上，追求满足宏观系统的需要；在材料体系上，从硅基半导体发展为多种半导体材料（III-V 族、II-VI 族）、碳基、聚合物、低维结构材料等，近年来，纳米制造技术结合其他制造技术，也在尝试开展陶瓷材料、体块金属材料的纳米功能结构的制造。此外，对半导体材料的高精度制造，使得人们有望自由地操纵电荷，为信息产业高速发展奠定坚实基础。纳米制造将人类制造能力推进到原子级尺度，它不仅为精密制造提供了新途径，也为工程师们从原子、分子层次上设计出性能优异的新材料、新结构提供了技术保障。如果纳米制造能有效结合跨尺度制造，实现对离子、光子、声子的有效控制，那么纳米制造将创造出许多具有颠覆性技术的新产品。

根据国际纳米制造发展趋势，结合我国当前纳米制造水平与基础，未来 10~30 年，我国在纳米制造领域可能取得重大突破的研究包括以下几个方面。

（1）趋近物理极限的原子级制造

未来的纳米制造精度和尺度要全面拓展到原子水平。原子级制造是加工尺度为原子量级的制造，包括原子级减材制造（原子层去除、物理 / 化学键调控）与原子级增材制造（原子尺度可控组装、生长），从原子尺度构建新材料、新结构、新性能，将制造精度与尺度从“纳米”延伸至“原子”。美国国家科学基金会的“纳米技术发展研究”、美国国防高级研究计划局“从原子到产品”（A2P）项目以及欧盟的纳米制造 2020 计划等，均将“原子级制造”列为未来 10~20 年的发展战略。

例如，原子级制造为操控离子提供了技术可行性。离子有选择地跨膜输运是生命过程中最为重要的输运过程，经过自然进化，离子通道的一个基本特征是实现有选择地跨膜输运；近 20 年来，人们模拟离子的跨膜输运过程，研究海水淡化、海水发电、高能量密度离子电池的可行性。困扰离子选择输运的难题是高精度纳米制造技术，不同离子半径的差异为 0.1~0.3 nm，如果制造精度能够达到亚纳米，这为新能源技术的快速发展提供了途径。再者，如果能够实现特征尺寸在 2 nm 以下的离子通道的大批量、高精度制造，不仅为离子选择提供可能，也为基因测序、蛋白质测序提供颠覆性技术。基于纳米孔的单分子读取技术不需要扩增即可快速读取序列，通过直接读取碱基序列穿过纳米孔的电学信号，就可以实现碱基序列的测定，这被认为是下一代基因测序和蛋白质测序技术中成本最低、最具有竞争力的技术。

此外，常规纳米制造方法与技术，其特征主要体现为平面纳米制造，即在制造平面内保证纳米精度。“碳”制造是以新型二维/类二维材料为切入点，利用二维材料在制造平面外的亚纳米级精度，发展全新的大规模空间三维纳米尺度可控的宏微纳跨尺度制造方法。鉴于二维材料在结构稳定性、导电性、导热性、生物兼容性等方面的优异性能，以及对电、光、磁等外场的特异响应，可以预见以二维材料为基础的大规模碳制造，将在能源、信息、生命、新材料等重大领域取得颠覆性应用。

在本重大研究计划的资助下，我国研究人员在电子调控制造、化学机械抛光等方面的加工已经进入了原子尺度，取得了重要突破。面向未来应用的原子级制造，在前期成果基础上，重点发展：①电子/离子调控的量子制造理论。与物理学科深入交叉，发展量子制造理论，将非金属超快激光制造发展到金属的电子调控制造，满足未来战略必争的极端制造需求。②化学键解构制造理论。与化学学科深入交叉，将化学机械抛光发展为更具有普适性化学键结构与重构的广谱材料制造方法。

（2）面向普适对象的大规模精准制造

纳米制造技术的发展经历了一个漫长的过程，从天然存在的纳米物质到人工操控原子、分子的纳米材料与器件，这是一个从不自觉到自觉、从设想到理论上的突破再到制造应用的过程。在这个过程中，制造手段的创新是实现高水平纳米制造的前提和基础。在本重大研究计划的资助下，研究人员在激光微纳制造、纳米压印等方面取得了重要突破。面向未来纳米制造进一步拓展应用的需求，在前期成果基础上应重点发展：①精准制造。以高能束制造为例，如何有效精准地实现高能束斑、射角、能量密度、射角等参数的调控，满足未来超高精密原子级制造需求。②普适制造。目前得到有效应用的纳米制造手段都只是针对一种或者有限几种特定材料体系。如何在进一步丰富和完善纳米制造理论基础上，面向多种材料完善普适性、大规模纳米制造工艺和技术，对将来纳米制造走向大范围应用具有举足轻重的意义，也必将是未来重要的研究方向。

（3）满足社会发展新需求的纳米制造

微纳制造基础科学研究是支撑纳米科技走向应用的基础，并在传感检测、新能源开发、能量转换和储存及生物技术等领域取得了飞速的发展。在本重大研究计划的资助下，研究人员已经发展出一系列的纳米制造工艺，服务于芯片制程抛光、光刻机镜头抛光、靶球微孔制造、米级二维计量光栅、空间航行器表面多级微纳结构蒙皮等国家重大科学/工程任务，为提升我国纳米制造工艺与装备水平提供了理论与技术基础。永无止境的科学发展为技术产品的不断创新奠定了基础，同时也对技术进步不断提出了更高要求。例如，在物理学家不懈努力下，人类对微观量子态的操纵水平不断刷新纪录，量子计算机也从理查德•费曼提出的概念逐步成为可能。可以预见，将来量子计算机的普及应用离不开纳米制造技术的创新，对纳米光纤、相关功能纳米结构单元和器件等的大规模、低成本的制造需求，将犹如我们今天对芯片的需求。面向人类社会发展新需求的新一代纳米制造技术及其衍生出的新一代纳米计量、纳米检测相关理论、技术和设备，毫无疑问将会是未来的研究趋势。

（4）效法生命科学的类脑智能制造

面向生命科学的纳米制造，主要的难点在于“生命”功能特征的材料，一般难以用现有的纳米制造方法进行加工，需要探索新的加工方法；此外，在加工过程中“生命”功能特征的保留，亦是当前生命科学领域纳米制造的难题。生物体具备强大的自我修复能力，但纳米器件受热、机械和化学等因素的影响，在应用过程中，结构形状破裂，使用寿命和力学性能受到影响。通过模仿生物体自身修复损伤的原理，智能自修复微纳米器件是未来的重要发展趋势。基于自修复材料的智能微纳米器件可在包括军用装备、电子产品、汽车、飞机等领域获得广泛的应用。该技术的突破对维持社会的可持续发展具有重大意义。国际纳米制造强国已经对类脑生物制造进行了战略布局：2013 年欧盟推出“人脑工程”，集合逾 120 所大学共同攻关，投入超过 10 亿欧元；2014 年美国布局“脑计划”，由 NIH、NSF、DARPA、FDA、IARPA 等机构合作，预计未来 10 年投资超过 45 亿美元，展开类脑生物制造研究；2015 年美国推出“精准医学计划”，是 NIH 四大优先投入项目之一，2016 年投入 2.15 亿美元，重点展开类脑工程、纳米精准医学等方面研究。

国际纳米制造强国已经对类脑生物制造进行了战略布局，本重大研究计划在立项之初就重点关注和资助纳米制造与生命、化学、信息等领域的深度交叉，在纳米靶向药物精准医疗、类脑智能器件、仿生制造等方面取得了一系列突破。面向未来应用的类脑生物制造，可以与生命学科深入交叉，发展人体器官再创、5D 增材制造与仿“DNA”制造理论；基于随机神经网络的类脑器件制造方法将类脑器件由固定关联模式发展到随机网络型互联，从底层提升类脑器件的智能；将生物在基因控制下利用环境物质和能量生长原理与原子级制造技术结合，发展仿生原子制造理论，探索全新的物质能量可控利用和转换，以及类脑智能系统的仿生制造。

8.2.2 纳米制造持续研究的若干建议

纳米制造的进一步深入发展，需要加强基础研究、深化学科融合，实现原始创新，并针对我国发展战略需求，着力解决“卡脖子”问题，并预判新的“卡脖子”问题，形成未来可以交换的核心技术。主要建议如下。

加强基础研究，实现原始创新。工程研究“首先强调创造工程（新材料、新结构、新机械、新药……），其次强调凝炼和解决关键科学问题”。不仅为解决当前“卡脖子”问题贡献方案，更要预测今后 10~30 年可能的“卡脖子”问题，并开展基础研究，避免再被“卡脖子”。此外，加快形成我国自主研发的核心纳米制造技术，加强自主软件、自主研发科研仪器、装备技术等研究力度，形成可以与世界其他强国交换的核心技术。

深化学科交叉，加强与材料、生命、AI 等前沿学科的交叉。与材料科学交叉，可在基于增 / 减材的原子级制造、材料基因组、自修复材料等领域进行积极探索，此外在材料制造过程中引入其他维度参数，开发 4D 甚至 5D 功能；与生命科学交叉，可将制造与生物系统功能（脑神经、细胞分裂和分化等）相匹配，有利于推进精准医疗、类脑计划等发展与提升，也对开发神经网络芯片、量子计算芯片等具有积极的推动作用。

服务国家重大战略需求，加强原创研究，实现国际引领。对于已经成熟的科技成果，加速开展技术攻关接力，如纳入国家重点研发计划或重大专项中、大科学工程布局等。此外，希望国家多鼓励新技术落地的产业化政策，充分发挥新兴产业、行业和地方政府的强强联合优势，集合国家多部门力量实现成熟的技术产业化进程，切实解决国家重大科学 / 工程的瓶颈问题。

参考文献

[1] 王国彪,黎明,丁玉成,等.重大研究计划“纳米制造的基础研究”综述.中国科学基金,2010, 24（2）:70-77.

[2] 王国彪.光制造科学与技术的现状和展望.机械工程学报,2011, 47（21）:157-169.

[3] 王国彪,邵金友,宋建丽,等.“纳米制造的基础研究”重大研究计划研究进展.机械工程学报,2016,52（5）:68-79.

[4] 王国彪,赖一楠,黄海鸿,等.机械工程学科 2012 年度科学基金管理工作综述.中国机械工程,2013, 24（1）:66-72.

[5] 赖一楠,叶鑫,曹政才,等.2018 年度机械工程学科国家自然科学基金管理工作综述.中国机械工程,2019, 30（5）:505-513.

[6] 王国彪,赖一楠,卢秉恒,等.“纳米制造的基础研究”重大研究计划结题综述.中国科学基金,2019, 33（3）:261-274.

[7] About the NNI. https://www.nano.gov/about-nni.

[8] Nanomanufacturing:emergence and implications for U.S. competitiveness, the environment, and human health.（2014-02-07）. https://www.gao.gov/products/GAO-14-181SP.

[9] National Nanotechnology Initiative. http://www.nano.gov/sites/default/files/pub_resource/federal-vision-for-nanotech-inspiredfuture-computing-grand-challenge.pdf.

[10] https://www.darpa.mil/program/atoms-to-product.

[11] NSI:sustainable nanomanufacturing-creating the industries of the future. https://www.nano.gov/NSINanomanufacturing.

[12] Nanotechnology-inspired grand challenges. http://www.nano.gov/grandchallenges.

[13] http://www.nano.gov/signatureiniatives.

[14] Graphene flagship. http://graphene-flagship.eu/?news=theeuropean-roadmap-for-graphene-science-andtechnology.

[15] Flag-era. http://www.flagera.eu/extra-files/FLAG-ERA_Press%20release_27102014.pdf.
[16] Flag-era. http://www.flagera.eu/extra-files/FLAG-ERA_JTC2015_Call_Announcement.pdf.
[17] 100 million for key enabling technologies - apply before 14 April 2015. https://ec.europa.eu/digital-agenda/en/news/electronics-eu100-million-bugdet-call-open-15-october.
[18] https://www.icfo.eu/newsroom/news/3142-meso-brain-and-light-sheet-imaging-techniques.
[19] Aktionsplan nanotechnologie 2020. https://www.bmbf.de/pub/Aktionsplan_Nanotechnologie.pdf.
[20] Functional materials research gets £20 million boost from EPSRC .http://www.epsrc.ac.uk/newsevents/news/functionalmaterialsboost.
[21] http://www.jst.go.jp/crds/pdf/2013/FR/CRDSFY2013-FR-01.pdf.
[22] http://www.jst.go.jp/crds/report/report04/CRDS-FY2015.
[23] http://www.mext.go.jp/b_menu/shingi/gijyutu/gijyutu2/015-8/shiryo/_icsFiles/afieldfile/2018/07/241407207_3.pdf.
[24] http://www.nstc.go.kr/c3/sub3_2_view.jsp?regIdx=653&keyWord=&keyField=&nowPage=16.
[25] Aktionsplan nanotechnologie 2020:eine ressortubergreifende strategie der bundesregierung. https://www.bmbf.de/pub/Aktionsplan_Nanotechnologie.pdf.
[26] https://www.bmbf.de/pub/Aktionsplan_Nanotechnologie.pdf.
[27] CHEN L, WEN J, ZHANG P, et al. Nanomanufacturing of silicon surface with a single atomic layer precision via mechanochemical reactions. Nature Commun, 2018, 9（1）: 1542.
[28] LI H, WANG T, ZHAO Q, et al. Kinematic analysis of in situ measurement during chemical mechanical planarization process. Rev Sci Instrum, 2015, 86（10）: 105118.
[29] WEN J, MA T, ZHANG W, et al. Atomistic mechanisms of Si chemical mechanical polishing in aqueous H2O2: ReaxFF reactive molecular dynamics simulations. Comp Mater Sci, 2017, 131 : 230-238.
[30] WEN J, MA T, ZHANG W, et al. Surface orientation and temperature effects on the interaction of silicon with water: molecular dynamics simulations using reaxFF reactive force field. J Phys Chem A, 2017, 121（3）: 587-594.
[31] WEN J, MA T, LU X, et al. Atomic insights into material removal mechanisms in Si and Cu chemical mechanical polishing processes: ReaxFF reactive molecular dynamics simulations. ICPT, 2017 : 1-3.
[32] WEN J, MA T, ZHANG W, et al. Atomic insight into tribochemical wear mechanism of silicon at the Si/SiO_2 interface in aqueous environment: molecular dynamics simulations using ReaxFF reactive force field. Appl Surf Sci, 2016, 390 : 216-223.

[33] XIAO C, XIN X J, HE X, et al. Surface structure dependence of mechanochemical etching: scanning probe-based nanolithography study on Si（100）, Si（110）, and Si（111）. ACS Appl Mater Interfaces, 2019, 11 : 20583-20588.

[34] LIU Z H, GONG J, XIAO C, et al. Temperature-dependent mechanochemical wear of silicon in water: The role of Si-OH surfacial groups. Langmuir , 2019, 35 : 7735-7743.

[35] WANG X D, KIM S H, CHEN C, et al. Humidity dependence of tribochemical wear of monocrystalline silicon. ACS Appl. Mater. Interfaces, 2015, 7 : 14785-14792.

[36] ZHANG Z, GUO D, WANG B, et al. A novel approach of high-speed scratching on silicon wafers at nanoscale depths of cut. Sci Rep, 2015, 5 : 16395.

[37] HAUNG N, YAN Y, ZHOU P, et al .Elastic-plastic deformation of single-crystal silicon in nano-cutting by a single-tip tool. Jpn J Appl Phys, 2019, 58 : 086501.

[38] ZHANG Z, WANG B, KANG R, et al. Changes in surface layer of silicon wafers from diamond scratching. Cirp Ann-Manuf Techn, 2015, 64（1） : 349-352.

[39] GUO X, LI Q, LIU T. Molecular dynamics study on the thickness of damage layer in multiple grinding of monocrystalline silicon. Mater Sci Semicon Proc, 2016, 51 : 15-19.

[40] GUO X, ZHAI C, KANG R. The mechanical properties of the scratched surface for silica glass by molecular dynamics simulation. J Non-Cryst Solids, 2015, 420 : 1-6.

[41] GAO S, KANG R, DONG Z, et al. Edge chipping of silicon wafers in diamond grinding. IntJ Mach Tool Manu, 2013, 64 : 31-37.

[42] LIN B, ZHOU P, WANG Z, et al. Analytical elastic-plastic cutting model for predicting grain depth-of-cut in ultrafine grinding of silicon wafer. J Manuf Sci Eng, 2018, 140（12）: 121001.

[43] LIU T, GUO X, LI Q. Study on the surface damage layer in multiple grinding of quartz glass by molecular dynamics simulation. J Nano Res, 2017, 46 : 192-202.

[44] ZHOU P, YAN Y, HUANG N, et al. Residual stress distribution in silicon wafers machined by rotational grinding. J Manuf Sci Eng, 2017, 139（8）: 081012.

[45] GAO S, HUANG H, ZHU X, et al. Surface integrity and removal mechanism of silicon wafers in chemo-mechanical grinding using a newly developed soft abrasive grinding wheel. Mater Sci Semicon Proc, 2017, 63 : 97-106.

[46] ZHANG Z, CUI J, WANG B, et al.A novel approach of mechanical chemical grinding. J Alloy Compd, 2017, 726 : 514-524.

[47] ZHANG Z, DU Y, WANG B, et al.Nanoscale wear layers on silicon wafers induced by mechanical chemical grinding. Tribol Lett, 2017, 65（4）: 132.

[48] GAO S, DONG Z, KANG R, et al. Design and evaluation of soft abrasive grinding wheels for silicon wafers. P I of Mech EngB-J Eng Manu, 2013, 227（4）: 578-586.

[49] LI J, LIU Y, DAI Y, et al. Achievement of a near-perfect smooth silicon surface. Sci China Technol Sci, 2013, 56（11）: 2847-2853.

[50] NIE X, LI S, SHI F, et al. Generalized numerical pressure distribution model for smoothing polishing of irregular midspatial frequency errors. Appl Optics, 2014, 53(6): 1020-1027.

[51] NIE X, LI S, HU H, et al. Control of mid-spatial frequency errors considering the pad groove feature in smoothing polishing process. Appl Optics, 2014, 53 (28) : 6332-6339.

[52] LU Y, XIE X, ZHOU L, et al. Design and performance analysis of ultra-precision ion beam polishing tool. Appl Optics, 2016, 55 (7) : 1544-1550.

[53] LU Y, XIE X, ZHOU L, et al. Improve the optics fabrication efficiency by using a radio frequency ion beam figuring tool. Appl Optics, 2017, 56 (2) : 260-266.

[54] LIAO W, DAI Y, XIE X, et al. Influence of local densification on microscopic morphology evolution during ion-beam sputtering of fused-silica surfaces. Appl Optics, 2014, 53 (11): 2487-2493.

[55] LIAO W, DAI Y, XIE X, et al. Microscopic morphology evolution during ion beam smoothing of Zerodur surfaces. Opt Express, 2014, 22 (1) : 377-386.

[56] LIAO W, DAI Y, XIE X, et al. Mathematical modeling and application of removal functions during deterministic ion beam figuring of optical surfaces part 1: mathematical modeling. Appl Optics, 2014, 53 (19) : 4266-4274.

[57] LIAO W, DAI Y, XIE X, et al. Mathematical modeling and application of removal functions during deterministic ion beam figuring of optical surfaces part 2: application. Appl Optics, 2014, 53 (19) : 4275-4281.

[58] LIAO W, DAI Y, XIE X, et al. Combined figuring technology for high-precision optical surfaces using a deterministic ion beam material adding and removal method. Opt Eng， 2013, 52 (1) : 010503.

[59] LIAO W， DAI Y， XIE X, et al. Deterministic ion beam material adding technology for high-precision optical surfaces. Appl Optics, 2013, 52 (6) : 1302-1309.

[60] ZHAO D, LU X. Chemical mechanical polishing: theory and experiment. Friction, 2013, 1 (4) : 306-326.

[61] LI C, ZHAO D, WEN J, et al. Evolution of entrained water film thickness and dynamics of Marangoni flow in Marangoni drying. RSC Adv, 2018, 8 (9) : 4995-5004.

[62] LI C, ZHAO D, WEN J, et al. Numerical investigation of wafer drying induced by the thermal Marangoni effect. Int J Heat Mass Tran, 2019, 132: 689-698.

[63] MUGELE F, BARET J C. Electrowetting: from basics to applications.J Phys: Condens Matter, 2005, 17 (28) : R705.

[64] LI X, TIAN H, SHAO J, et al. Decreasing the saturated contact angle in electrowetting-on-dielectrics by controlling the charge trapping at liquid-solid interfaces.Adv Funct Mater, 2016, 26 (18) : 2994-3002.

[65] CHEN X, SHAO J, AN N, et al. Self-powered flexible pressure sensors with vertically

well-aligned piezoelectric nanowire arrays for monitoring vital signs.J Mater Chem C, 2015, 3 （45）: 11806-11814.

[66] CAO J, AN Q, LIU Z, et al. Electrowetting on liquid-infused membrane for flexible and reliable digital droplet manipulation and application, sensors actuators B.Chem,2019, 291 : 470-477.

[67] XU Q, DAI B, HUANG Y, et al. Fabrication of polymer microlens array with controllable focal length by modifying surface wettability.Opt Express, 2018, 26 （4）: 4172-4182.

[68] LIU J, WAN L, ZHANG M, et al. Electrowetting-induced morphological evolution of metal-organic inverse opals toward a water-lithography approach.Adv Funct Mater, 2017, 27 （7）: 1605221.

[69] SONG H C, MAURYA D, SANGHADASA M, et al. Interface controlled growth of single-crystalline $PbTiO_3$ nanostructured arrays. J Phys Chem C, 2017, 121 （48）: 7191-27198.

[70] TIAN H, SHAO J, DING Y, et al. Electrohydrodynamic micro-/nanostructuring processes based on prepatterned polymer and prepatterned template.Macromolecules, 2014, 47 （4）: 1433-1438.

[71] WANG Y, HU H, SHAO J, et al. Fabrication of well-defined mushroom-shaped structures for biomimetic dry adhesive by conventional photolithography and molding.ACS Appl Mater Interfaces, 2014, 6 （4）: 2213-2218.

[72] LI X, TIAN H, DING Y, et al. Electrically templated dewetting of a UV-curable prepolymer film for the fabrication of a concave microlens array with well-defined curvature.ACS Appl Mater Interfaces, 2013, 5 （20）: 9975-9982.

[73] HU H, TIAN H, SHAO J, et al. Friction contribution to bioinspired mushroom-shaped dry adhesives.Adv Mate Interfaces, 2017, 4 （9）: 1700016.

[74] LI X, DING Y, SHAO J, et al. Fabrication of microlens arrays with well-controlled curvature by liquid trapping and electrohydrodynamic deformation in microholes.Adv Mater, 2012, 24 （23）: 165-169.

[75] NAZARIPOOR H,KOCH C R,SADRZADEH M,et al. Thermo-electrohydrodynamic patterning in nanofilms. Langmuir, 2016, 32 （23）:5776-5786.

[76] HYUN D C, PARK M, JEONG U J.Micropatterning by controlled liquid instabilities and its applications.J Mater Chem C, 2016, 4 （44）: 10411-10429.

[77] DEMIRÖRS A F, CRASSOUS J J.Colloidal assembly and 3D shaping by dielectrophoretic confinement.Soft Matter, 2017, 13 （17）: 3182-3189.

[78] MALSHE A P,BAPAT S,RAJURKAR K P,et al.Bio-inspired textures for functional applications. CIRP Annals, 2018, 67 （2）:627-650.

[79] HU Z, TIAN M, NYSTEN B, et al. Regular arrays of highly ordered ferroelectric polymer nanostructures for non-volatile low-voltage memories. Nature Mater, 2009, 8 （1）: 62.

[80] CHEN X, TIAN H, LI X, et al. A high performance P （VDF-TrFE） nanogenerator

with self-connected and vertically integrated fibers by patterned EHD pulling.Nanoscale, 2015, 7 （27）: 11536-11544.

[81] CHEN X, LI X, SHAO J, et al. High-performance piezoelectric nanogenerators with imprinted P （VDF-TrFE）/$BaTiO_3$ nanocomposite micropillars for self-powered flexible sensors.Small, 2017, 13 : 1604245.

[82] FAN F R, TANG W, WANG Z L. Flexible nanogenerators for energy harvesting and self-powered electronics.Adv Mater, 2016, 28 （22）: 4283-4305.

[83] STADLOBER B, ZIRKL M, IRIMIA-VLADU M.Route towards sustainable smart sensors: ferroelectric polyvinylidene fluoride-based materials and their integration in flexible electronics.Chem Soc Rev, 2019, 48 （6）: 1787-1825.

[84] PENG H, SUN X, WENG W, et al. Polymer materials for energy and electronic applications. Academic Press, 2016.

[85] SCHIFT H.Nanoimprint lithography: 2D or not 2D? A review.Appl Phys A, 2015, 121 （2）:415-435.

[86] CHOU S Y, KEIMEL C, GU J.Ultrafast and direct imprint of nanostructures in silicon. Nature, 2002, 417: 835.

[87] GRZYBOWSKI B A, BISHOP K J M.Micro- and nanoprinting into solids using reaction-diffusion etching and hydrogel .Stamps, 2009, 5 （1）: 22-27.

[88] HSU K, SCHULTZ P,FERREIRA P, et al.Exploiting transport of guest metal ions in a host ionic crystal lattice for nanofabrication: Cu nanopatterning with Ag_2S.Appl Phys A, 2009, 97 （4）: 863-868.

[89] ZHAN D, HAN L, ZHANG J, et al. Electrochemical micro/nano-machining: principles and practices.Chem Soc Rev, 2017, 46 （5）:1526-1544.

[90] ZHAN D, HAN L, ZHANG J, et al. Confined chemical etching for electrochemical machining with nanoscale accuracy.Acc Chem Res, 2016, 49 （11）: 2596-2604.

[91] ZHANG J, ZHANG L, HAN L, et al. Electrochemical nanoimprint lithography: when nanoimprint lithography meets metal assisted chemical etching.Nanoscale, 2017, 9 （22）: 7476-7482.

[92] ZHANG L, ZHANG J, YUAN D, et al. Electrochemical nanoimprint lithography directly on n-type crystalline silicon （111） wafer, Electrochem. Commun, 2017, 75 : 1-4.

[93] GUO C, ZHANG L, SARTIN, et al. Photoelectric effect accelerated electrochemical corrosion and nanoimprint processes on gallium arsenide wafers.Chem Sci, 2019, 10（23）: 5893-5897.

[94] ZHANG J, DONG B Y,JIA J, et al. Electrochemical buckling microfabrication.Chem Sci, 2016, 7 （1）: 697-701.

[95] QIAO W, HUANG W, LIU Y, et al. Toward scalable flexible nanomanufacturing for photonic structures and devices.Adv Mater, 2016, 28 （47）: 10353-10380.

[96] WANG C, SHAO J, TIAN H, et al. Step-controllable electric-field-assisted nanoimprint lithography for uneven large-area substrates. ACS Nano, 2016, 10 （4）: 4354-4363.

[97] LI X, SHAO J, TIAN H, et al. Fabrication of high-aspect-ratio microstructures using dielectrophoresis-electrocapillary force-driven UV-imprinting.J Micromech Microeng, 2011, 21 （6）: 065010.

[98] LIANG X, ZHANG W, LI M, et al. Electrostatic force-assisted nanoimprint lithography（EFAN）.Nano Letters, 2005, 5 （3）: 527-530.

[99] WANG C, SHAO J, TIAN H,et al.Protective integrated transparent conductive film with high mechanical stability and uniform electric-field distribution.Nanotechnology, 2019, 30 （18）: 185303.

[100] BOSSE H, WILKENING G.Developments at PTB in nanometrology for support of the semiconductor industry.Meas Sci Technol, 2005, 16 （11）: 2155.

[101] BUTLER H.Position control in lithographic equipment.IEEE Cont Syst Mag, 2011, 31（5）:28-47.

[102] YE G, FAN S, LIU H, et al. Design of a precise and robust linearized converter for optical encoders using a ratiometric technique.Meas Sci Technol, 2014, 25 （12）: 125003.

[103] YE G, LIU H, WANG Y, et al. Ratiometric-linearization-based high-precision electronic interpolator for sinusoidal optical encoders.IEEE T Ind Electron, 2018, 65 （10）: 8224-8231.

[104] YE G, LIU H, SHI Y, et al. Optimizing design of an optical encoder based on generalized grating imaging.Meas Sci Technol 2016, 27 （11）: 115005.

[105] YE G, LIU H, BAN Y, et al. Development of a reflective optical encoder with submicron accuracy.Opt Commun, 2018, 411 : 126-132.

[106] YE G, LIU H, FAN S, et al. A theoretical investigation of generalized grating imaging and its application to optical encoders.Opt Commun, 2015, 354 : 21-27.

[107] YE G, LIU H, JIANG W, et al. Design and development of an optical encoder with sub-micron accuracy using a multiple-tracks analyser grating.Rev Sci Instrum, 2017, 88 （1）: 015003.

[108] YE G, LIU H, FAN S, et al.Precise and robust position estimation for optical incremental encoders using a linearization technique.Sensor Actuat A: Phys, 2015, 232: 30-38.

[109] LIU H, YE G, SHI Y, et al.Multiple harmonics suppression for optical encoders based on generalized grating imaging.J Modern Opt, 2016, 63 （16）: 1564-1572.

[110] PARTRIDGE H J A R C. Moffet field, national aeronautics and space administration（NASA）. Tech Memo,1989,1（15）: 101044.

[111] HU H, TIAN H, LI X, et al. Biomimetic mushroom-shaped microfibers for dry adhesives by electrically induced polymer deformation.ACS Appl Mater Interfaces, 2014, 6 （16）: 14167-14173.

[112] HU H, TIAN H, SHAO J, et al. Discretely supported dry adhesive film inspired by biological bending behavior for enhanced performance on a rough surface.ACS Appl Mater&Interfaces, 2017, 9 （ 8 ）: 7752-7760.

[113] LI X, SHAO J, TIAN H, et al. Fabrication of high-aspect-ratio microstructures using dielectrophoresis-electrocapillary force-driven UV-imprinting.J Micromech Microeng, 2011, 21 （ 6 ）: 065010.

[114] LI X, TIAN H, SHAO J, et al. Electrically modulated microtransfer molding for fabrication of micropillar arrays with spatially varying heights. Langmuir, 2013, 29 （ 5 ）: 1351-1355.

[115] LI X, TIAN H, WANG C, et al. Electrowetting assisted air detrapping in transfer micromolding for difficult-to-mold microstructures.ACS Appl Mater & Interfaces, 2014, 6 （ 15 ）: 12737-12743.

[116] GAO A, LU N, WANG Y C, et al. Enhanced sensing of nucleic acids with silicon nanowire field effect transistor biosensors.Nano Letters, 2012,12 : 5262-5268.

[117] GAO A, ZOU N L, DAI P F, et al. Signal-to-noise ratio enhancement of silicon nanowires biosensor with rolling circle amplification.Nano Letters, 2013,13: 4123-4130.

[118] YU X,WANG Y C,ZHOU H,et al.Top-down fabricated silicon-nanowire-based field-effect transistor device on a （ 111 ） silicon wafer.Small, 2013,9:525-530.

[119] YANG X, GAO A, WANG Y L, et al. Wafer-level and highly controllable fabricated silicon nanowire transistor arrays on （ 111 ） silicon-on-insulator （ SOI ） wafers for highly gaseous environmentssensitive detection in liquid and gaseous environments. Nano Res, 2017 : 12274.

[120] GAO A, LU N, DAI P F, et al. Direct ultrasensitive electrical detection of prostate cancer biomarkers with CMOS-compatible n-and p-type silicon nanowire sensor arrays. Nanoscale, 2014, 6 : 13036.

[121] LIU Z, CUI A, GONG Z, et al. Spatially oriented plasmoni‘nanograter structures. Sci Rep, 2016, 6 : 28764.

[122] LIU Z, LIU Z, LI J, et al. 3D conductive coupling for efficient generation of prominent Fano resonances in metamaterials. Sci Rep, 2016, 6 : 27817.

[123] LIU Z, LI J, LIU Z, et al. Fano resonance Rabi splitting of surface plasmons. Sci Rep, 2017, 7 （ 1 ）: 8010.

[124] LIU Z, DU S, CUI A, et al. High-quality-factor mid-infrared toroidal excitation in folded 3D metamaterials. Adv Mater, 2017, 29 （ 17 ）: 1606298.

[125] LIU Z, CUI A, LI J, et al. Folding 2D Structures into 3D Configurations at the micro/nanoscale: principles, techniques, and applications. Adv Mater, 2019, 31 : 1802211.

[126] CUI A, LIU Z, LI J, et al. Directly patterned substrate-free plasmonic “nanograter” structures with unusual Fano resonances. Light & Sci Appl, 2015, 4 （ 7 ）: e308.

[127] YANG S, LIU Z, JIN L, et al. Surface plasmon polariton mediated multiple toroidal resonances in 3D folding metamaterials. ACS Photonics, 2017, 4（11）: 2650-2658.
[128] YANG S, LIU Z, HU S, et al. Spin-selective transmission in chiral folded metasurfaces. Nano Lett, 2019, 19 : 3432-3439.
[129] CHEN C, XU P, LI X. Regioselective patterning of multiple sams and applications in surface-guided smart microfluidics. ACS Appl Mater Interfaces, 2014, 6 : 21961-21969.
[130] CHEN C, XU P, LI X. Plasma tuning effect on silanol-density of silicon substrate for optimal vapor-phase growth of self-assembled monolayers. J Nanosci Nanotechnol ,2015, 16（9）: 9651-9659.
[131] CHEN C, CHEN Y, XU P, et al. Silicon micro-cantilever chemical sensors fabricated in double-layer silicon-on-insulator （SOI） wafer. Microsyst Technol, 2015, 22（8）: 1959-1965.
[132] XU P, CHEN C, LI X. Mesoporous-silica nanofluidic channels for quick enrichment/extraction of trace pesticide molecules. Sci Rep, 2015, 5 : 17171.
[133] HOU L, FENG F, YOU W, et al. Pore size effect of mesoporous silica stationary phase on the separation performance of microfabricated gas chromatography columns. J Chromatogr A, 2018, 1552 : 73-78.
[134] LUO F, ZHAO B, FENG F, et al. Improved separation of micro gas chromatographic column using mesoporous silica as a stationary phase support.Talanta ,2018, 188 : 546-551.
[135] SHI Z, YANG R, ZHANG L, et al. Patterning graphene with zigzag edges by self-aligned anisotropic etching. Adv Mater,2011, 23（27）: 3061-3065.
[136] YANG R, SHI Z, ZHANG L, et al. Observation of raman g-peak split for graphene nanoribbons with hydrogen-terminated zigzag edges. Nano Lett, 2011, 11（10）: 4083-4088.
[137] XIE G, SHI Z, YANG R, et al. Graphene edge lithography. Nano Lett, 2012, 12（9）: 4642-4646.
[138] WANG G, WU S, ZHANG T, et al. Patterning monolayer graphene with zigzag edges on hexagonal boron nitride by anisotropic etching. Appl Phys Lett, 2016, 109（5）: 053101.
[139] YANG W, CHEN G, SHI Z, et al. Epitaxial growth of single-domain graphene on hexagonal boron nitride. Nat Mater, 2013, 12（9）: 792.
[140] WANG D, CHEN G, LI C, et al. Thermally induced graphene rotation on hexagonal boron nitride. Phys Rev Lett ,2016, 116（12）: 126101.
[141] LU X, YANG W, WANG S, et al. Graphene nanoribbons epitaxy on boron nitride. Appl Phys Lett, 2016, 108（11）: 113103.
[142] ZHANG H, LI H, WU M, et al. 3D ice printing as a fabrication technology of microfluidics with pre-sealed reagents. MEMS,2014 : 52-55.

[143] HE E, CAO T, CAI L, et al. A disposable microcapsule array chip fabricated by ice printing combined with isothermal amplification for Salmonella DNA detection. RSC Adv, 2018, 8（69）: 39561-39566.

[144] ZHENG F, PU Z, HE E, et al. From functional structure to packaging: full-printing fabrication of a microfluidic chip. Lab Chip, 2018, 18（13）: 1859-1866.

[145] JIANG L. Electrons dynamics control by shaping femtosecond laser pulses in micro/nanofabrication: modeling, method, measurement and application. Light: Sci Appl, 2018,7（2）: 17134.

[146] ZEWAI A H.Laser femtochemistry. Science, 1988,242（4886）: 1645-1653.

[147] PAN C. The temporal-spatial evolution of electron dynamics induced by femtosecond double pulses. J Appl Phys, 2019.

[148] ZHANG K.Femtosecond laser pulse-train induced breakdown in fused silica: the role of seed electrons. J Phy D: Appl Phys, 2014, 47（43）: 435105.

[149] WANG C.First-principles electron dynamics control simulation of diamond under femtosecond laser pulse train irradiation. J Phys: Condens Matter, 2012,24（27）: 275801.

[150] YUAN Y.Formation mechanisms of sub-wavelength ripples during femtosecond laser pulse train processing of dielectrics. J Phy D: Appl Phys, 2012,45（17）: 175301.

[151] YUAN Y. Adjustment of ablation shapes and subwavelength ripples based on electron dynamics control by designing femtosecond laser pulse trains. J Appl Phys, 2012,112（10）: 103103.

[152] JIANG L, TSAI H L. Prediction of crater shape in femtosecond laser ablation of dielectrics. J Phys D: Appl Phys, 2004,37（10）: 1492.

[153] JIANG L, TSAI H L.Repeatable nanostructures in dielectrics by femtosecond laser pulse trains. Appl Phys Lett, 2005,87（15）: 151104.

[154] WANG A. Mask-free patterning of high-conductivity metal nanowires in open air by spatially modulated femtosecond laser pulses. Adv Mater, 2015,27（40）:6238-6243.

[155] ZHAO M. Controllable high-throughput high-quality femtosecond laser-enhanced chemical etching by temporal pulse shaping based on electron density control. Sci Rep, 2015,5 : 13202.

[156] XIE Q. High-aspect-ratio, high-quality microdrilling by electron density control using a femtosecond laser Bessel beam. Appl Phys A, 2016,122（2）: 136.

[157] QIU L.Real-time laser differential confocal microscopy without sample reflectivity effects. Opt Express, 2014, 22（18）: 21626-21640.

[158] QIU L, ZHAO W, WANG Y. Laser differential confocal focal-length measurement and its instrument. Applications of Lasers for Sensing and Free Space Communications, 2015.

[159] JIANG L. Femtosecond laser fabricated all-optical fiber sensors with ultrahigh

refractive index sensitivity: modeling and experiment. Opt Express, 2011,19（18）: 17591-17598.

[160] LI B. High sensitivity Mach-Zehnder interferometer sensors based on concatenated ultra-abrupt tapers on thinned fibers. Opt & Laser Technol, 2012,44（3）: 640-645.

[161] YU Y. Fiber inline interferometric refractive index sensors fabricated by femtosecond laser and fusion splicing. Chin Opt Lett, 2013,11（11）:110603.

[162] LUO Z. One-step fabrication of annular microstructures based on improved femtosecond laser Bessel-Gaussian beam shaping. Appl Opt, 2015,54（13）: 3943-3947.

[163] SUN X Y. Highly sensitive refractive index fiber inline Mach-Zehnder interferometer fabricated by femtosecond laser micromachining and chemical etching. Opt & Laser Technol, 2016,77 : 11-15.

[164] WANG C. Adjustable annular rings of periodic surface structures induced by spatially shaped femtosecond laser. Laser Phys Lett, 2015,12（5）: 056001.

[165] WU D. Curvature-driven reversible in situ switching between pinned and roll-down superhydrophobic states for water droplet transportation. Adv Mater, 2011,23（4）: 545-549.

[166] XIA H. Ferrofluids for fabrication of remotely controllable micro-nanomachines by two-photon polymerization. Adv Mater, 2010, 22（29）: 3204-3207.

[167] FANG H H.Two-photon pumped amplified spontaneous emission from cyano-substituted oligo（p-phenylenevinylene）crystals with aggregation-induced emission enhancement. J Phys Chem C, 2010,114（27）: 11958-11961.

[168] ZHANG Y L.Designable 3D nanofabrication by femtosecond laser direct writing. Nano Today, 2010,5（5）: 435-448.

[169] CHENG H. Graphene fibers with predetermined deformation as moisture-triggered actuators and robots. Angew Chem Int Edit, 2013,52（40）: 10482-10486.

[170] GAO J. Laser-assisted large-scale fabrication of all-solid-state asymmetrical Micro-Supercapacitor Array. Small, 2018,14（37）: 1801809.

[171] ZHAO Y. Integrated graphene systems by laser irradiation for advanced devices. Nano Today, 2017,12 : 14-30.

[172] QIAN H. Surface micro/nanostructure evolution of Au-Ag alloy nanoplates: Synthesis, simulation, plasmonic photothermal and surface-enhanced Raman scattering applications. Nano Res, 2016, 9（3）: 876-885.

[173] HUANG L. Colloid-Interface-Assisted Laser Irradiation of Nanocrystals Superlattices to be Scalable Plasmonic Superstructures with Novel Activities. Small, 2018,14（16）: 1703501.

[174] PINCHETTI V.Excitonic pathway to photoinduced magnetism in colloidal nanocrystals with nonmagnetic dopants. Nat Nanotechnol, 2018,13（2）: 145-151.

[175] LIU W, LI Y, WANG T, et al. Elliptical polymer brush ring array mediated protein patterning and cell adhesion on patterned protein surfaces. ACS Appl Mater Inter ,2013, 5（23）: 12587-12593.

[176] LIU W, LIU X, GE P, et al. Hierarchical-multiplex DNA patterns mediated by polymer brush nanocone arrays that possess potential application for specific DNA sensing. ACS Appl Mater Inter, 2015, 7（44）: 24760-24771.

[177] ZHU S, ZHANG J, TANG S, et al. Surface chemistry routes to modulate the photoluminescence of graphene quantum dots: from fluorescence mechanism to up-conversion bioimaging applications. Adv Funct Mater, 2012, 22（22）: 4732-4740.

[178] ZHANG G, CHEN J, YANG S, et al. Preparation of amino-acid-regulated hydroxyapatite particles by hydrotermal method. Mater Lett, 2011, 65（3）: 572-574.

[179] ZHONG L, ZHOU X, BAO S, et al. Rational design and SERS properties of side-by-side, end-to-end and end-to-side assemblies of Au nanorods. J Mater Chem ,2011, 21（38）: 14448-14455.

[180] ZHANG M, XIONG Q, WANG Y, et al. A well-defined coil-comb polycationic brush with "star polymers" as side chains for gene delivery. Polym Chem-UK, 2014, 5（16）: 4670-4678.

[181] PU Y C, WANG G, CHANG K D, et al. Au nanostructure-decorated TiO_2 nanowires exhibiting photoactivity across entire UV-visible region for photoelectrochemical water splitting. Nano Lett, 2013, 13（8）: 3817-3823.

[182] LU X,YU M, WANG G, et al. H-TiO_2@ MnO_2//H-TiO_2@C core-shell nanowires for high performance and flexible asymmetric supercapacitors. Adv Mater, 2013, 25（2）: 267-272.

[183] LU X, WANG G, ZHAI T, et al. Hydrogenated TiO_2 nnotube arrays for supercapacitors. Nano Lett, 2012, 12（3）: 1690-1696.

[184] LI Q, WANG Z L, LI G R, et al. Design and synthesis of MnO_2/Mn/MnO_2 sandwich-structured nanotube arrays with high supercapacitive performance for electrochemical energy storage. Nano Lett, 2012, 12（7）: 3803-3807.

[185] LU H, LIN J, WU N, et al. Inkjet printed silver nanowire network as top electrode for semi-transparent organic photovoltaic devices. Appl Phys Lett ,2015, 106（9）:27.

[186] CUI Z.Printed electronics: materials, technologies and applications. John Wiley & Sons, 2016.

[187] CHEN Z, QIN X,ZHOU T, et al. Ethanolamine-assisted synthesis of size-controlled indium tin oxide nanoinks for low temperature solution deposited transparent conductive films. J Mater Chem C, 2015, 3（43）: 11464-11470.

[188] CUI Z.Printing practice for the fabrication of flexible and stretchable electronics. Sci China Technol Sci, 2017:1-9.

[189] LAI M, ZHANG X, FANG F, et al. Study on nanometric cutting of germanium by

molecular dynamics simulation. Nanoscale Res Lett, 2013, 8（1）: 13.

[190] FANG F Z, CHEN Y H, ZHANG X D, et al. Nanometric cutting of single crystal silicon surfaces modified by ion implantation. CIRP Ann-ManufTechn, 2011, 60（1）: 527-530.

[191] GONG H, FANG F Z, HU X T.Kinematic view of tool life in rotary ultrasonic side milling of hard and brittle materials. Int J Mach Tool Manu, 2010, 50（3）: 303-307.

[192] YUAN D, ZHU P, FANG F, et al. Study of nanoscratching of polymers by using molecular dynamics simulations. Sci China Phys Mech, 2013, 56（9）: 1760-1769.

[193] JI J,HU Y, MENG Y, et al. The steady flying of a plasmonic flying head over a photoresist-coated surface in a near-field photolithography system. Nanotechnology, 2016, 27（18）: 185303.

[194] JI J, MENG Y, ZHANG J.Optimization of structure parameters of concentric plasmonic lens for 355 nm radially polarized illumination. J Nanophotonics, 2015, 9（1）, 093794.

[195] JI J, MENG Y, SUN L, et al. Strong focusing of plasmonic lens with nanofinger and multiple concentric rings under radially polarized illumination. Plasmonics, 2016, 11（1）: 23-27.

[196] LIU Z, XIA X, SUN Y, et al. Visible transmission response of nanoscale complementary metamaterials for sensing applications. Nanotechnology, 2012, 23（27）:2 75503.

[197] LI L, SUN W, TIAN S, et al. Floral-clustered few-layer graphene nanosheet array as high performance field emitter. Nanoscale, 2012, 4（20）: 6383-6388.

[198] CHEN S, CHENG H, YANG H, et al. Polarization insensitive and omnidirectional broadband near perfect planar metamaterial absorber in the near infrared regime. Appl Phys Lett, 2011, 99（25）: 253104.

[199] ZHOU J, LIN L, ZHANG L, et al. Molecule-assembled modulation of the photocurrent direction of TiO_2 nanotube electrodes under the assistance of the applied potential and the excitation wavelength. J Phys Chemi C, 2011, 115（34）: 16828-16832.

[200] SHAN K, ZHOU P, CAI J, et al. Electrogenerated chemical polishing of copper. Preci Eng, 2015, 39 : 161-166.

[201] WANG C, ZHANG H W, ZHANG J F, et al. New Strategy for Electrochemical Micropatterning of Nafion Film in Sulfuric Acid Solution. Electrochi Acta, 2014, 146 : 125-133.

[202] FANG Q, ZHOU J Z, ZHAN D, et al.A novel planarization method based on photoinduced confined chemical etching. Chem Commun, 2013, 49（57）: 6451-6453.

[203] ZHOU P, KANG R, SHI K, et al. Numerical studies on scavenging reaction in confined etchant layer technique. J Electroanal Chem, 2013, 705 : 1-7.

[204] ZHOU H, LAI L J, ZHAO X H, et al. Development of an electrochemical micromachining instrument for the confined etching techniques. Rev Sci Instrum, 2014, 85（4）: 045122.

[205] GU G Y, ZHU L M, SU C Y, et al. Motion control of piezoelectric positioning stages: modeling, controller design, and experimental evaluation. IEEE-ASME T Mech, 2013, 18（5）: 1459-1471.

[206] LAI L J, ZHOU H, DU Y J, et al. High precision electrochemical micromachining based on confined etchant layer technique. Electrochem Commun, 2013, 28 : 135-138.

[207] XING J, LIU J, ZHANG T, et al. A water soluble initiator prepared through host–guest chemical interaction for microfabrication of 3D hydrogels via two-photon polymerization. J Mater Chem B, 2014, 2（27）: 4318-4323.

[208] CAO H Z, ZHENG M L, DONG X Z, et al. Two-photon nanolithography of positive photoresist thin film with ultrafast laser direct writing. Appl Phys Lett, 2013, 102（20）: 201108.

[209] LU W E, ZHANG Y L, ZHENG M L, et al. Femtosecond direct laser writing of gold nanostructures by ionic liquid assisted multiphoton photoreduction. Opt Mater Exp, 2013, 3（10）: 1660-1673.

[210] LIU X, XU T, WU X, et al. Top-down fabrication of sub-nanometre semiconducting nanoribbons derived from molybdenum disulfide sheets. Nat Commun, 2013, 4 : 1776.

[211] GUO W, LIU X. 2D materials: Metallic when narrow. Nat Nanotech, 2014, 9（6）: 413.

[212] YIN J, ZHANG Z, LI X, et al. Waving potential in graphene. Nat Commun, 2014, 5 : 3582.

[213] GUO W, YIN J, QIU H, et al. Friction of low-dimensional nanomaterial systems. Friction, 2014, 2（3）: 209-225.

[214] XUE G, XU Y, DING T, et al. Water-evaporation-induced electricity with nanostructured carbon materials. Nat Nanotech, 2017, 12（4）: 317.

[215] ZHANG Z, LI X, YIN J, et al.Emerging hydrovoltaic technology. Nat Nanotech, 2018, 13（12）: 1109.

[216] LI L, WANG Q.Spontaneous self-assembly of silver nanoparticles into lamellar structured silver nanoleaves. ACS Nano, 2013, 7（4）: 3053-3060.

[217] LI F, CHEN Y, CHEN H, et al. Monofunctionalization of protein nanocages. J Am Chem Soc, 2011, 133（50）: 20040-20043.

[218] LI F, CHEN H, ZHANG Y, et al. Three-dimensional gold nanoparticle clusters with tunable cores templated by a viral protein scaffold. Small, 2012, 8（24）: 3832-3838.

[219] CHEN Z, LAN X, WANG Q.DNA origami directed large-scale fabrication of nanostructures resembling room temperature single-electron transistors. Small, 2013, 9（21）: 3567-3571.

[220] CHENG X, MENG B, CHEN X, et al. Single-step fluorocarbon plasma treatment-induced wrinkle structure for high-performance triboelectric nanogenerator. Small, 2016, 12（2）: 229-236.

[221] CHEN X, SONG Y, CHEN H, et al. An ultrathin stretchable triboelectric nanogenerator

with coplanar electrode for energy harvesting and gesture sensing. J Mater Chem A, 2017, 5（24）: 12361-12368.

[222] HAN M, YU B, QIU G, et al. Electrification based devices with encapsulated liquid for energy harvesting, multifunctional sensing, and self-powered visualized detection. J Mater Chem A, 2015, 3（14）: 7382-7388.

[223] LIU W, HAN M, SUN X, et al. An unmovable single-layer triboloelectric generator driven by sliding friction. Nano Energ, 2014, 9 : 401-407.

[224] ZHANG J, YU J, JARONIEC M, et al. Noble metal-free reduced graphene oxide-Zn_x Cd_{1-x} S nanocompositewith enhanced solar photocatalytic H_2-production performance. Nano Lett, 2012, 12（9）: 4584-4589.

[225] ZHANG J, YU J, ZHANG Y, et al. Visible light photocatalytic H_2-production activity of CuS/ZnS porousnanosheets based on photoinduced interfacial charge transfer. Nano Lett, 2011, 11（11）: 4774-4779.

[226] LIU Q, GUO B, RAO Z, et al. Strong two-photon-induced fluorescence from photostable,biocompatible nitrogen-doped graphene quantum dots for cellular and deep-tissue imaging. Nano Lett, 2013, 13（6）:2 436-2441.

[227] XIE G, ZHANG K, GUO B, et al. Graphene-based materials for hydrogen generation from light-driven water splitting. Adv Mater, 2013, 25（28）: 3820-3839.

[228] LI C J, XU G R, ZHANG B, et al. High selectivity in visible-light-driven partial photocatalytic oxidation of benzyl alcohol into benzaldehyde over single-crystalline rutile TiO_2 nanorods. Appl Catal B-Environ, 2012, 115 : 201-208.

[229] ZHANG K, LIU Q, WANG H, et al. TiO_2 single crystal with four-truncated-bipyramid morphology as an efficient photocatalyst for hydrogen production. Small, 2013, 9（14）: 2452-2459.

成果附录

附录 1　重要论文目录

本重大研究计划取得了丰硕的学术成绩。共计发表 SCI 论文 3813 篇，其中与美国、德国、英国等 49 个国家和地区的国际同行合作发表论文 1033 篇，占论文总数的 27.09%，极大地推动了国内与国际学术界间的交流与合作。在项目资助下取得的多项代表性研究成果发表在各类高水平期刊上，其中 Nature 系列刊物（*Nat Nanotechnol, Nat Mater, Nat Phys, Nat Energy* 等）上发表论文 19 篇，影响因子大于 20 的高水平论文 83 篇，影响因子大于 10 的高水平论文 375 篇，并有 91 篇论文入选 ESI 高被引论文。取得的研究成果不仅拓展了学科界面，而且促进了多学科交叉融合，论文成果涉及工程学、材料学、物理学、化学、光学等 28 个学科，平均学科交叉率为 2.06%。项目研究成果共授权发明专利 935 件，出版中英文专著 66 部，研发试验装置 17 台 / 套。此外，举办国际会议 79 次，国内会议 76 次，参加国际学术会议 519 人次，其中 365 人次在国际会议上做大会特邀报告。项目资助下获得的多项突出性研究成果荣获各类奖项：国家级奖励 12 项，包括国家自然科学奖二等奖 6 项、国家科技进步奖二等奖 1 项、国家技术发明奖二等奖 5 项；何梁何利奖 2 项；国防科技创新团队奖 1 项；省部级奖励 21 项，国际学术奖 1 项。

在项目顺利执行过程中不仅取得了丰硕的科研成果，而且为国家培养了大量科研人才。6 人当选中国科学院院士，2 人当选中国工程院院士。2 人当选美国机械工程师协会会士，2 人当选电气和电子工程师协会会士。另有 15 人获得“长江学者”称号，18 人获得国家杰出青年科学基金，并培养博士后、硕博士研究生 974 名。

[1] ZHU M, ZHOU Z, PENG B, et al. Modulation of spin dynamics via voltage control of spin-lattice coupling in multiferroics.Adv Funct Mater, 2017, 27（10）: 1605598.

[2] WANG D,HLINKA J, BOKOV A A, et al. Fano resonance and dipolar relaxation in lead-free relaxors. Nat Comm, 2014, 5: 5100.

[3] SUN M,XU H.A novel application of plasmonics: plasmon-driven surface-catalyzed reactions. Small, 2012, 8（18）: 2777-2786.

[4] LI W, GENG X, GUO Y, et al.Reduced graphene oxide electrically contacted graphene sensor for highly sensitive nitric oxide detection. ACS Nano, 2011, 5（9）: 6955-6961.

[5] GENG X, NIU L, XING Z, et al.Aqueous-processable noncovalent chemically converted graphene-quantum dot composites for flexible and transparent optoelectronic films. Adv Mater, 2010, 22（5）: 638-642.

[6] LI Z, BAO K, FANG Y, et al.Correlation between incident and emission polarization in nanowire surface plasmon waveguides. Nano Lett , 2010, 10（5）: 1831-1835.

[7] GONG Y, ZHANG X, LIU G, et al.Layer-controlled and wafer-scale synthesis of uniform and high-quality graphene films on a polycrystalline nickel catalyst. Adv Funct Mater,2012, 22（15）: 3153-3159.

[8] GUO W, CAO L, XIA J, et al. Energy harvesting with single-ion-selective nanopores: a concentration-gradient-driven nanofluidic power source. Adv Funct Mater,2010, 20（8）: 1339-1344.

[9] GUO W, XIA H, CAO L, et al. Integrating ionic gate and rectifier within one solid-state nanopore via modification with dual-responsive copolymer brushes. Adv Funct Mater,2010, 20（20）: 3561-3567.

[10] ZHOU Y, GUO W, CHENG J, et al. High-temperature gating of solid-state nanopores with thermo-responsive macromolecular nanoactuators in ionic liquids. Adv Mater, 2012, 24（7）: 962-967.

[11] CAO L, GUO W, MA W, et al. Towards understanding the nanofluidic reverse electrodialysis system: well matched charge selectivity and ionic composition. Energ

Environ Sci ,2011, 4（6）: 2259-2266.

[12] JIANG Y, LIU N, GUO W, et al. Highly-efficient gating of solid-state nanochannels by DNA supersandwich structure containing ATP aptamers: a nanofluidic implication logic device.J Am Chem Soc,2012, 134（37）: 15395-15401.

[13] ZHOU X, XIA S, LU Z, et al. Biomineralization-assisted ultrasensitive detection of DNA. J Am Chem Soc, 2010, 132（20）: 6932-6934.

[14] ZHOU X, CAO P, TIAN Y, et al. Expressed peptide assay for DNA detection. J Am Chem Mater,2010, 132（12）:4161-4168.

[15] SHU X, LU Z, ZHU J. Metal-organic hybrid particles with variable sub-stoichiometric metal contents. Chem Mater,2010, 22（11）: 3310-3312.

[16] WANG J, LIU Y, PENG F, et al. A general route to efficient functionalization of silicon quantum dots for high-performance fluorescent probes. Small,2012, 8（15）: 2430-2435.

[17] LU X, WANG G, ZHAI T, et al. Hydrogenated TiO_2 nanotube arrays for supercapacitors. Nano Lett,2012, 12（3）: 1690-1696.

[18] LU X, YU M, WANG G, et al. H-TiO_2@ MnO_2//H-TiO_2@ C core-shell nanowires for high performance and flexible asymmetric supercapacitors. Adv Mater,2013,25（2）:267-272.

[19] LU X, ZHAI T, ZHANG X, et al. WO_{3-x}@ Au@ MnO_2 core-shell nanowires on carbon fabric for high-performance flexible supercapacitors. Adv Mater,2012, 24（7）:938-944.

[20] LU X, YU M, ZHAI T, et al. High energy density asymmetric quasi-solid-state supercapacitor based on porous vanadium nitride nanowire anode. Nano Lett,2013, 13(6): 2628-2633.

[21] LU X, WANG G, ZHAI T, et al. Stabilized TiN nanowire arrays for high-performance and flexible supercapacitors. Nano Lett,2012, 12（10）: 5376-5381.

[22] LU X, ZHENG D, ZHAI T, et al. Facile synthesis of large-area manganese oxide nanorod arrays as a high-performance electrochemical supercapacitor. Energ Environ Sci, 2011,4（8）: 2915-2921.

[23] LI Q, WANG Z L, LI G R, et al. Design and synthesis of MnO_2/Mn/MnO_2 sandwich-structured nanotube arrays with high supercapacitive performance for electrochemical energy storage. Nano Lett,2012, 12（7）: 3803-3807.

[24] WANG G, WANG H, LU X, et al. Solid-state supercapacitor based on activated carbon cloths exhibits excellent rate capability. Adv Mater,2014,26（17）: 2676-2682.

[25] DING L X, WANG A L, LI G R, et al. Porous Pt-Ni-P composite nanotube arrays: highly electroactive and durable catalysts for methanol electrooxidation.J Am Chem Soc ,2012, 134（13）: 5730-5733.

[26] WANG G, LU X, LING Y, et al. LiCl/PVA gel electrolyte stabilizes vanadium oxide

nanowire electrodes for pseudocapacitors. ACS Nano,2012,6（11）: 10296-10302.

[27] SHI J, CUI H N, LIANG Z, et al. The roles of defect states in photoelectric and photocatalytic processes for $Zn_x Cd_{1-x} S$. Energ Environ Sci,2011, 4（2）: 466-470.

[28] WANG G, LING Y, LU X, et al. Solar driven hydrogen releasing from urea and human urine. Energ Environ Sci,2012, 5（8）: 8215-8219.

[29] MENG F, DING Y. Sub-micrometer-thick all-solid-state supercapacitors with high power and energy densities. Adv Mater, 2010, 23（35）: 4098-4102.

[30] WANG R, WANG C, CAI W B, et al. Ultralow-platinum-loading high-performance nanoporous electrocatalysts with nanoengineered surface structures. Adv Mater,2010, 22（16）: 1845-1848.

[31] WANG R, XU C, BI X, et al. Nanoporous surface alloys as highly active and durable oxygen reduction reaction electrocatalysts. Energ Environ Sci,2012, 5（1）: 5281-5286.

[32] ZHUANG X,NING C Z,PAN A.Composition and bandgap-graded semiconductor alloy nanowires. Adv Mater,2012, 24（1）: 13-33.

[33] GU F, YANG Z, YU H, et al. Spatial bandgap engineering along single alloy nanowires. J Am Chem Soc,2011, 133（7）: 2037-2039.

[34] XU J, MA L, GUO P, et al. Room-temperature dual-wavelength lasing from single-nanoribbon lateral heterostructures. J Am Chem Soc, 2011, 134（30）: 12394-12397.

[35] YANG Z, XU J, WANG P, et al. On-nanowire spatial band gap design for white light emission. Nano Lett,2011, 11（11）: 5085-5089.

[36] XU J, ZHUANG X, GUO P, et al. Wavelength-converted/selective waveguiding based on composition-graded semiconductor nanowires. Nano Lett,2012, 12（9）: 5003-5007.

[37] LI H, ZHANG Q, PAN A, et al. Single-crystalline $Cu_4Bi_4S_9$ nanoribbons: facile synthesis, growth mechanism, and surface photovoltaic properties. Chem Mater,2011, 23（5）: 1299-1305.

[38] YAN C, LI X, ZHOU K, et al. Heteroepitaxial growth of gasbnanotrees with an ultra-low reflectivity in a broad spectral range. Nano Lett,2012, 12（4）: 1799-1805.

[39] GUO P, ZHUANG X, XU J, et al. Low-threshold nanowire laser based on composition-symmetric semiconductor nanowires. Nano Lett,2013, 13（3）: 1251-1256.

[40] QIN Y, PAN A, LIU L, et al. Atomic layer deposition assisted template approach for electrochemical synthesis of Au crescent-shaped half-nanotubes. ACS Nano,2011, 5（2）: 788-794.

[41] WANG Q, GUO X, CAI L, et al. TiO_2-decorated graphenes as efficient photoswitches with high oxygen sensitivity. Chem Sci,2011, 2（9）: 1860-1864.

[42] HE F, LIU L, LI L. Water-soluble conjugated polymers for amplified fluorescence detection of template-independent DNA elongation catalyzed by polymerase. Adv Funct Mater,2011, 21（16）: 3143-3149.

[43] XU X, LIU B, ZOU Y, et al. Organozinc compounds as effective dielectric modification layers for polymer field-effect transistors. Adv Funct Mater,2012, 22（19）: 4139-4148.
[44] WANG J, WANG Z, LI Q, et al. Revealing interface-assisted charge-transfer mechanisms by using silicon nanowires as local probes. Angew Chem Int Edit ,2013, 125（12）: 3453-3457.
[45] SONG J, HUANG S, HU K, et al. Fabrication of superoleophobic surfaces on Al substrates. J Mater Chem A,2013, 1（46）: 14783-14789.
[46] CHEN F, SONG J, LU Y, et al. Creating robust superamphiphobic coatings for both hard and soft materials. J Mater Chem A,2015, 3（42）: 20999-21008.
[47] WANG S, XIAO B, YANG T, et al. Enhanced HCHO gas sensing properties by Ag-loaded sunflower-like In_2O_3 hierarchical nanostructures. J Materials Chem A,2014, 2（18）: 6598-6604.
[48] CHEN X, GUO Z, XU W H, et al. Templating synthesis of SnO_2 nanotubes loaded with Ag_2O nanoparticles and their enhanced gas sensing properties. Adv Funct Mater,2011, 21（11）: 2049-2056.
[49] CHEN X, GUO Z, YANG G M, et al. Electrical nanogap devices for biosensing. Mater Today,2010, 13（11）: 28-41.
[50] WANG P, LIU Z G, CHEN X, et al. UV irradiation synthesis of an Au–graphene nanocomposite with enhanced electrochemical sensing properties. J Mater Chem A,2013, 1（32）: 9189-9195.
[51] CHEN X, CUI C H, GUO Z, et al. Unique heterogeneous silver-copper dendrites with a trace amount of uniformly distributed elemental Cu and their enhanced SERS properties. Small,2011, 7（7）: 858-863.
[52] CHEN X, LIU Z G, ZHAO Z Q, et al. SnO_2tube-in-tube nanostructures: Cu@ C nanocable templated synthesis and their mutual interferences between heavy metal ions revealed by stripping voltammetry. Small,2013, 9（13）: 2233-2239.
[53] XU W, ZHANG Y, GUO Z, et al. Conduction performance of individual Cu@C coaxial nanocable connectors. Small,2012, 8（1）: 53-58.
[54] YU Y, CHEN X, WEI Y, et al. CdSe Quantum dots enhance electrical and electrochemical signals of nanogap devices for bioanalysis. Small,2012, 8（21）: 3274-3281.
[55] GUO Z, CHEN X, XU W H, et al. T-shaped SnO_2 nanowire current splitter. Mater Today,2011, 14（1-2）: 42-49.
[56] GUO Z, CHEN X, LIU J H, et al. Transport phenomena and conduction mechanism of individual cross-junction SnO_2 nanobelts. Small,2013, 9（16）: 2678-2683.
[57] ZHANG Y L, CHEN Q D, XIA H, et al. Designable 3D nanofabrication by femtosecond laser direct writing. Nano Today,2010, 5（5）: 435-448.
[58] WU D, WU S Z, CHEN Q D, et al. Curvature-driven reversible in situ switching between pinned and roll-down superhydrophobic states for water droplet transportation.

Adv Mater,2011, 23（4）: 545-549.

[59] XIA H, WANG J, TIAN Y, et al. Ferrofluids for fabrication of remotely controllable micro-nanomachines by two-photon polymerization. Adv Mater,2010, 22（29）: 3204-3207.

[60] WU D, WANG J N, WU S Z, et al. Three-level biomimetic rice-leaf surfaces with controllable anisotropic sliding. Adv Funct Mater,2011, 21（15）: 2927-2932.

[61] SUN Y L, DONG W F, NIU L G, et al. Protein-based soft micro-optics fabricated by femtosecond laser direct writing. Light-Sci Appl,2014, 3（1）: e129.

[62] XU B B, XIA H, NIU L G, et al. Flexible nanowiring of metal on nonplanar substrates by femtosecond-laser-induced electroless plating. Small,2010, 6（16）: 1762-1766.

[63] JIN Y, FENG J, ZHANG X L. et al. Solving efficiency-stability tradeoff in top-emitting organic light-emitting devices by employing periodically corrugated metallic cathode. Adv Mater,2012, 24（9）: 1187-1191.

[64] FANG H H, DING R, LU S Y, et al. Distributed feedback lasers based on thiophene/phenylene co-oligomer single crystals. Adv Funct Mater,2012, 22（1）: 33-38.

[65] SUN Y L, LI Q, SUN S M, et al. Aqueous multiphoton lithography with multifunctional silk-centred bio-resists. Nat Commun,2015, 6: 8612.

[66] WU D, WU S Z, ZHAO S, et al. Rapid, controllable fabrication of regular complex microarchitectures by capillary assembly of micropillars and their application in selectively trapping/releasing microparticles. Small,2013, 9（5）: 760-767.

[67] XIONG W, ZHOU Y S, HE X N, et al. Simultaneous additive and subtractive three-dimensional nanofabrication using integrated two-photon polymerization and multiphoton ablation. Light-Sci Appl,2012, 1（4）: e6.

[68] XIONG W, ZHOU Y S, JIANG L J, et al. Single-step formation of graphene on dielectric surfaces. Adv Mater,2013, 25（4）: 630-634.

[69] JIANG L, WANG A D, LI B, et al. Electrons dynamics control by shaping femtosecond laser pulses in micro/nanofabrication: modeling, method, measurement and application. Light-Sci Appl,2018, 7（2）: 17134.

[70] LI X, DING Y, SHAO J, et al. Fabrication of microlensarrays with well-controlled curvature by liquid trapping and electrohydrodynamic deformation in microholes. Adv Mater,2012, 24（23）: OP165-OP169.

[71] JIANG W, LIU H, YIN L, et al. Fabrication of well-arrayed plasmonic mesoporous TiO_2/Ag films for dye-sensitized solar cells by multiple-step nanoimprint lithography. J Mater Chem A,2013, 1（21）: 6433-6440.

[72] REN H, WANG C, ZHANG J, et al. DNA cleavage system of nanosized graphene oxide sheets and copper ions. ACS Nano,2010, 4（12）: 7169-7174.

[73] YANG Y, ZHANG J, WU X, et al. Composites of boron-doped carbon nanosheets and iron oxide nanoneedles: fabrication and lithium ion storage performance. J Mater Chem

A,2014, 2（24）: 9111-9117.

[74] GAO Y, LIU L Q, ZU S Z, et al. The effect of interlayer adhesion on the mechanical behaviors of macroscopic graphene oxide papers. ACS Nano,2011, 5（3）: 2134-2141.

[75] CHEN Q, LUO M, HAMMERSHØJ P, et al. Microporous polycarbazole with high specific surface area for gas storage and separation. J Am Chem Soc,2012, 134（14）: 6084-6087.

[76] CHEN Q, LIU D P, LUO M, et al. Nitrogen-containing microporous conjugated polymers via carbazole-based oxidative coupling polymerization: preparation, porosity, and gas uptake. Small,2014, 10（2）: 308-315.

[77] ZHAO Y C, ZHAO L, MAO L J, et al. One-step solvothermal carbonization to microporous carbon materials derived from cyclodextrins. J Mater Chem A,2013, 1（33）: 9456-9461.

[78] LI J, ZHU J, GAO X. Bio-inspired high-performance antireflection and antifogging polymer films. Small,2014, 10（13）: 2578-2582.

[79] WANG H, LI Y, LIU M, et al. Overcoming the coupling dilemma in DNA-programmable nanoparticle assemblies by "Ag^+ soldering". Small, 2015, 11（19）: 2247-2251.

[80] LIU M, FANG L, LI Y, et al. "Flash" preparation of strongly coupled metal nanoparticle clusters with sub-nm gaps by Ag^+ soldering: toward effective plasmonic tuning of solution-assembled nanomaterials. Chem Sci, 2016, 7（8）: 5435-5440.

[81] WANG H, LI Y, GONG M, et al. Core solution: a strategy towards gold core/non-gold shell nanoparticles bearing strict DNA-valences for programmable nanoassembly. Chem Sci,2014, 5（3）: 1015-1020.

[82] ZHAO S, YIN H, DU L, et al. Carbonized nanoscale metal-organic frameworks as high performance electrocatalyst for oxygen reduction reaction. ACS Nano,2014, 8（12）: 12660-12668.

[83] ZHAO S, WANG Y, DONG J, et al. Ultrathin metal-organic framework nanosheets for electrocatalytic oxygen evolution. Nat Energ, 2016, 1（12）: 16184.

[84] ZHAO S, YIN H, DU L, et al. Three dimensional N-doped graphene/PtRu nanoparticle hybrids as high performance anode for direct methanol fuel cells. J Mater Chem A,2014, 2（11）: 3719-3724.

[85] GU H, BI L, FU Y. et al. Multistate electrically controlled photoluminescence switching. Chem Sci,2013, 4（12）: 4371-4377.

[86] SUN Q, ZHANG C, LI Z, et al. On-surface formation of one-dimensional polyphenylene through bergman cyclization. J Am Chem Soc,2013, 135（23）: 8448-8451.

[87] ZHI J, DENG S, ZHANG Y, et al. Embedding Co_3O_4 nanoparticles in SBA-15 supported carbon nanomembrane for advanced supercapacitor materials. J Mater Chem A,2013, 1（9）: 3171-3176.

[88] DENG S, ZHI J, ZHANG X, et al. Size-controlled synthesis of conjugated polymer

nanoparticles in confined nanoreactors. Angew Chem Int Edit,2014, 53（51）: 14144-14148.

[89] DONG L, ZHENG Z, WANG Y, et al. Co-sensitization of N719 with polyphenylenes from the Bergman cyclization of maleimide-based enediynes for dye-sensitized solar cells. J Mater Chem A,2015, 3（21）: 11607-11614.

[90] WANG Y, XIONG R, DONG L, et al. Synthesis of carbon nanomembranes through cross-linking of phenyl self-assembled monolayers for electrode materials in supercapacitors. J Mater Chem A,2014, 2（15）: 5212-5217.

[91] JIANG J, ZHAO K, XIAO X, et al. Synthesis and facet-dependent photoreactivity of BiOCl single-crystalline nanosheets. J Am Chem Soc,2012, 134（10）: 4473-4476.

[92] ZHAO K, ZHANG L, WANG J, et al. Surface structure-dependent molecular oxygen activation of BiOCl single-crystalline nanosheets. J Am Chem Soc,2013, 135（42）: 15750-15753.

[93] WANG W, ZHANG L, AN T, et al. Comparative study of visible-light-driven photocatalytic mechanisms of dye decolorization and bacterial disinfection by B-Ni-codoped TiO_2 microspheres: the role of different reactive species. Appl Catal B-Environ,2011, 108: 108-116.

[94] WANG J, YU Y, ZHANG L. Highly efficient photocatalytic removal of sodium pentachlorophenate with Bi_3O_4Br under visible light. Appl Catal B-Environ,2013, 136: 112-121.

[95] XIAO X, JIANG J, ZHANG L. Selective oxidation of benzyl alcohol into benzaldehyde over semiconductors under visible light: The case of $Bi1_2O_{17}C_{12}$ nanobelts. Appl Catal B-Environ,2013, 142 : 487-493.

[96] LEI Y, JIA H, HE W, et al. Hybrid solar cells with outstanding short-circuit currents based on a room temperature soft-chemical strategy: the case of P_3HT: Ag_2S. J Am Chem Soc ,2012, 134（42）: 17392-17395.

[97] LIU W, AI Z, CAO M, et al. Ferrous ions promoted aerobic simazine degradation with Fe@ Fe_2O_3 core-shell nanowires. Appl Catal B-Environ, 2014, 150: 1-11.

[98] LIU X H, GUAN C Z, DING S Y, et al. On-surface synthesis of single-layered two-dimensional covalent organic frameworks via solid-vapor interface reactions. J Am Chem Soc,2013, 135（28）: 10470-10474.

[99] LIU X H, GUAN C Z, WANG D, et al. Graphene-like single-layered covalent organic frameworks: synthesis strategies and application prospects. Adv Mater,2014, 26（40）: 6912-6920.

[100] CHEN T, YANG W H, WANG D, et al. Globally homochiral assembly of two-dimensional molecular networks triggered by co-absorbers. Nat Commun,2013, 4: 1389.

[101] LIU J, CHEN T, DENG X, et al. Chiral hierarchical molecular nanostructures on two-

dimensional surface by controllable trinary self-assembly. J Am Chem Soc,2011, 133（51）: 21010-21015.

[102] LIU X H, MO Y P, YUE J Y, et al. Isomeric routes to schiff-base single-layered covalent organic frameworks. Small,2014, 10（23）: 4934-4939.

[103] ZHENG Q N, LIU X H, LIU X R, et al. Bilayer molecular assembly at a solid/liquid interface as triggered by a mild electric field. Angew Chem Int Edit ,2014, 126（49）: 13613-13617.

[104] CHEN T, WANG D, GAN L H, et al. Direct probing of the structure and electron transfer of fullerene/ferrocene hybrid on Au （111） electrodes by in situ electrochemical STM. J Am Chem Soc,2014, 136（8）: 3184-3191.

[105] LAN H, DING Y. Ordering, positioning and uniformity of quantum dot arrays. Nano Today,2012, 7（2）: 94-123.

[106] HUI Y Y, LIU X, JIE W, et al. Exceptional tunability of band energy in a compressively strained trilayer MoS_2 sheet. ACS Nano,2013, 7（8）: 7126-7131.

[107] LIU X, XU T, WU X, et al. Top-down fabrication of sub-nanometre semiconducting nanoribbons derived from molybdenum disulfide sheets. Nat Commun,2013, 4 : 1776.

[108] YIN J, LI X, YU J, et al. Generating electricity by moving a droplet of ionic liquid along graphene. Nat Nanotech,2014, 9（5）: 378.

[109] ZHANG Z, LIU X, YAKOBSON B I, et al. Two-dimensional tetragonal TiC monolayer sheet and nanoribbons. J Am Chem Soc,2012, 134（47）: 19326-19329.

[110] YIN J, LI X, ZHOU J, et al. Ultralight three-dimensional boron nitride foam with ultralow permittivity and superelasticity. Nano Lett,2013, 13（7）: 3232-3236.

[111] ZHANG Z, ZENG X C, GUO W. Fluorinating hexagonal boron nitride into diamond-like nanofilms with tunable band gap and ferromagnetism. J Am Chem Soc,2011, 133（37）: 14831-14838.

[112] QIU H, GUO W. Electromelting of confined monolayer ice. Phys Rev Lett,2013, 110（19）: 195701.

[113] YIN J, ZHANG Z, LI X, et al. Harvesting energy from water flow over graphene? Nano Lett,2012, 12（3）: 1736-1741.

[114] YIN J, ZHANG Z, LI X, et al. Waving potential in graphene. Nat Commun,2014, 5:3582.

[115] FU X,SU C,FU Q,et al.Tailoring exciton dynamics by elastic strain-gradient in semiconductors. Adv Mater,2014, 26（16）: 2572-2579.

[116] YIN J, YU J, LI X, et al. Large single-crystal hexagonal boron nitride monolayer domains with controlled morphology and straight merging boundaries. Small,2015, 11（35）: 4497-4502.

[117] LIU X, ZHANG Z, GUO W. Universal rule on chirality-dependent bandgaps in graphene antidot lattices. Small,2013, 9（8）: 1405-1410.

[118] ZHANG Z, GUO W. Intrinsic metallic and semiconducting cubic boron nitride nanofilms. Nano Lett,2012, 12（7）: 3650-3655.

[119] LIU X, PAN D, HONG Y, et al. Bending poisson effect in two-dimensional crystals. Phys Rev Lett,2014, 112（20）: 205502.

[120] LI X, SHEN C, WANG Q, et al. Hydroelectric generator from transparent flexible zinc oxide nanofilms. Nano Energ,2017, 32 : 125-129.

[121] MIAO C, TAI G, ZHOU J, et al. Phonon trapping in pearl-necklace-shaped silicon nanowires. Small,2015, 11（48）: 6411-6415.

[122] YANG B, YANG Z, WANG R, et al. Silver nanoparticle deposited layered double hydroxide nanosheets as a novel and high-performing anode material for enhanced Ni-Zn secondary batteries. J Mater Chem A,2014, 2（3）: 785-791.

[123] ZHANG J, LING Y, GAO W, et al. Enhanced photoelectrochemical water splitting on novel nanoflake WO_3 electrodes by dealloying of amorphous Fe-W alloys. J Mater Chem A,2013, 1（36）: 10677-10685.

[124] LAN X, CHEN Z, DAI G, et al. Bifacial DNA origami-directed discrete, three-dimensional, anisotropic plasmonic nanoarchitectures with tailored optical chirality. J Am Chem Soc,2013, 135（31）: 11441-11444.

[125] LI F, WANG Q. Fabrication of nanoarchitectures templated by virus-based nanoparticles: strategies and applications. Small,2014, 10（2）: 230-245.

[126] LAN X, CHEN Z, LIU B J, et al. DNA-directed gold nanodimers with tunable sizes and interparticle distances and their surface plasmonic properties. Small,2013, 9（13）: 2308-2315.

[127] LI F,GAO D, ZHAI X, et al. Tunable, discrete, three-dimensional hybrid nanoarchitectures. Angew Chem Int Edit, 2011, 123（18）: 4288-4291.

[128] LI L, WANG Q. Spontaneous self-assembly of silver nanoparticles into lamellar structured silver nanoleaves. ACS Nano,2013, 7（4）: 3053-3060.

[129] LI F, CHEN Y, CHEN H, et al. Monofunctionalization of protein nanocages. J Am Chem Soc,2011, 133（50）: 20040-20043.

[130] LI F, CHEN H, ZHANG Y, et al. Three-dimensional gold nanoparticle clusters with tunable cores templated by a viral protein scaffold. Small, 2012, 8（24）: 3832-3838.

[131] CHEN Z, LAN X, WANG Q.DNA origami directed large-scale fabrication of nanostructures resembling room temperature single-electron transistors. Small , 2013, 9（21）: 3567-3571.

[132] LI X, CHOY W C, HUO L, et al. Dual plasmonic nanostructures for high performance inverted organic solar cells. Adv Mater, 2012, 24（22）: 3046-3052.

[133] CHEN B, ZHONG H, ZHANG W, et al. Highly emissive and color-tunable cuins2-based colloidal semiconductor nanocrystals: off-stoichiometry effects and improved electroluminescence performance. Adv Funct Mater, 2012, 22（10）: 2081-2088.

[134] TAN Z A, ZHANG W, ZHANG Z, et al. High-performance inverted polymer solar cells with solution-processed titanium chelate as electron-collecting layer on ITO electrode.

Adv Mater,2012, 24（11）: 1476-1481.

[135] TAN Z A, QIAN D,ZHANG W, et al. Efficient and stable polymer solar cells with solution-processed molybdenum oxide interfacial layer. J Mater Chem A, 2013, 1（3）: 657-664.

[136] TAN Z A, LI L, WANG F, et al. Solution-processed rhenium oxide: a versatile anode buffer layer for high performance polymer solar cells with enhanced light harvest. Adv Energ Mater, 2014, 4（1）: 1300884.

[137] SUN Y, CUI C, WANG H, et al. Efficiency enhancement of polymer solar cells based on poly（3-hexylthiophene）/indene-C70 bisadduct via methylthiophene additive. Adv Energ Mater ,2011, 1（6）: 1058-1061.

[138] WANG F, XU Q, TAN Z A, et al. Efficient polymer solar cells with a solution-processed and thermal annealing-free RuO_2 anode buffer layer. J Mater Chem A ,2014, 2（5）: 1318-1324.

[139] JIANG F, LIU J, LI Y, et al. Ultralong CdTe nanowires: catalyst-free synthesis and high-tieldtransformation into core-shell heterostructures. Adv Funct Mater, 2012, 22（11）: 2402-2411.

[140] LI J, CHEN S, YANG H, et al. Simultaneous control of light polarization and phase distributions using plasmonic metasurfaces. Adv Funct Mater ,2015, 25（5）: 704-710.

[141] HU Z, LIU Z, LI L, et al. Wafer-Scale double-layer stacked Au/Al_2O_3@ Au nanosphere structure with tunable nanospacing for surface-enhanced raman scattering. Small, 2014, 10（19）: 3933-3942.

[142] ZHANG X S, HAN M D, WANG R X, et al. Frequency-multiplication high-output triboelectric nanogenerator for sustainably powering biomedical microsystems. Nano Lett, 2013, 13（3）: 1168-1172.

[143] MENG B, TANG W, TOO Z H, et al. A transparent single-friction-surface triboelectric generator and self-powered touch sensor. Energ& Environ Sci, 2013, 6（11）: 3235-3240.

[144] HAN M, ZHANG X S, MENG B, et al. R-shaped hybrid nanogenerator with enhanced piezoelectricity. ACS Nano ,2013, 7（10）: 8554-8560.

[145] ZHANG X S, HAN M D, WANG R X, et al. High-performance triboelectric nanogenerator with enhanced energy density based on single-step fluorocarbon plasma treatment. Nano Energ ,2014, 4 : 123-131.

[146] ZHANG X S, HAN M D, MENG B, et al. High performance triboelectric nanogenerators based on large-scale mass-fabrication technologies. Nano Energ, 2015, 11 : 304-322.

[147] TANG W, MENG B, ZHANG H X.Investigation of power generation based on stacked triboelectric nanogenerator. Nano Energ, 2013, 2（6）: 1164-1171.

[148] MAO H, WU W, SHE D, et al. Microfluidic surface-enhanced Raman scattering sensors based on nanopillar forests realized by an oxygen-plasma-stripping-of-photoresist

technique. Small,2014, 10（1）: 127-134.

[149] MENG B, TANG W, ZHANG X, et al. Self-powered flexible printed circuit board with integrated triboelectric generator. Nano Energ, 2013, 2（6）:1101-1106.

[150] CHEN T H, HSU J J, ZHAO X, et al. Left-right symmetry breaking in tissue morphogenesis via cytoskeletal mechanics. Circ Res ,2012, 110（4）: 551-559.

[151] SHI M, ZHANG J, CHEN H, et al. Self-powered analogue smart skin. ACS Nano, 2016, 10（4）: 4083-4091.

[152] ZHANG H, ZHANG X S, CHENG X, et al. A flexible and implantable piezoelectric generator harvesting energy from the pulsation of ascending aorta: in vitro and in vivo studies. Nano Energ ,2015, 12 : 296-304.

[153] CHENG X, MENG B, CHEN X, et al. Single-step fluorocarbon plasma treatment-induced wrinkle structure for high-performance triboelectric nanogenerator. Small, 2016, 12（2）: 229-236.

[154] CHEN X, SONG Y, CHEN H, et al. An ultrathin stretchable triboelectric nanogenerator with coplanar electrode for energy harvesting and gesture sensing. J Mater Chem A, 2017, 5（24）: 12361-12368.

[155] HAN M, YU B, QIU G, et al .Electrification based devices with encapsulated liquid for energy harvesting, multifunctional sensing, and self-powered visualized detection. J Mater Chem A,2015, 3（14）: 7382-7388.

[156] LIU W, HAN M, SUN X, et al. An unmovable single-layer triboloelectric generator driven by sliding friction. Nano Energ,2014, 9 : 401-407.

[157] YU H,XU P, LEE D W, et al. Porous-layered stack of functionalized AuNP-rGO（gold nanoparticles-educed graphene oxide） nanosheets as a sensing material for the micro-gravimetric detection of chemical vapor. J Mater Chem A ,2013, 1（14）: 4444-4450.

[158] ZHANG Y, HAN T, FANG J, et al. Integrated Pt_2Ni alloy@ Pt core-shell nanoarchitectures with high electrocatalytic activity for oxygen reduction reaction. J Mater Chem A ,2014, 2（29）: 11400-11407.

[159] ZHAO Q, JI M, QIAN H, et al. Controlling structural symmetry of a hybrid nanostructure and its effect on efficient photocatalytic hydrogen evolution. Adv Mater ,2014, 26（9）: 1387-1392.

[160] GUI J, JI M, LIU J, et al. Phosphine-initiated cation exchange for precisely tailoring composition and properties of semiconductor nanostructures: old concept, new applications. Angew Chem Int Edit ,2015, 54（12）: 3683-3687.

[161] ZHANG J, YU J, JARONIEC M, et al. Noble metal-free reduced graphene oxide-$Zn_x Cd_{1-x} S$ nanocomposite with enhanced solar photocatalytic H_2-production performance. Nano Lett, 2012, 12（9）: 4584-4589.

[162] ZHANG J, YU J, ZHANG Y, et al. Visible light photocatalytic H_2-production activity

of CuS/ZnS porous nanosheets based on photoinduced interfacial charge transfer. Nano Lett,2011, 11（11）: 4774-4779.

[163] LIU Q, GUO B, RAO Z, et al. Strong two-photon-induced fluorescence from photostable, biocompatible nitrogen-doped graphene quantum dots for cellular and deep-tissue imaging. Nano Lett, 2013, 13（6）: 2436-2441.

[164] XIE G, ZHANG K, GUO B, et al. Graphene-based materials for hydrogen generation from light-driven water splitting. Adv Mater, 2013, 25（28）: 3820-3839.

[165] LI C J, XU G R, ZHANG B, et al .High selectivity in visible-light-driven partial photocatalytic oxidation of benzyl alcohol into benzaldehyde over single-crystalline rutile TiO_2 nanorods. Appl Catal B-Environ ,2012, 115 : 201-208.

[166] ZHANG K, LIU Q, WANG H, et al. TiO_2 single crystal with four-truncated-bipyramid morphology as an efficient photocatalyst for hydrogen production. Small, 2013, 9（14）: 2452-2459.

[167] ZHANG K, DAI Y, ZHOU Z, et al. Polarization-induced saw-tooth-like potential distribution in zincblende-wurtzite superlattice for efficient charge separation. Nano Energ, 2017, 41 : 101-108.

[168] CUI A, LIU Z, LI J, et al. Directly patterned substrate-free plasmonic "nanograter" structures with unusual fano resonances. Light-Sci Appl ,2015, 4（7）: e308.

[169] SHEN X, SUN B, LIU D, et al. Hybrid heterojunction solar cell based on organic-inorganic silicon nanowire array architecture. J Am Chem Soc, 2011, 133（48）: 19408-19415.

[170] ZHANG Y, CUI W, ZHU Y, et al. High efficiency hybrid PEDOT: PSS/nanostructured silicon schottky junction solar cells by doping-free rear contact. Energ Environ Sci, 2015, 8（1）: 297-302.

[171] GU X, CUI W, LI H, et al. A solution-processed hole extraction layer made from ultrathin MoS2 nanosheets for efficient organic solar cells. Adv Energ Mater, 2013, 3（10）: 1262-1268.

[172] LIU R, LEE S T, SUN B. 13.8% efficiency hybrid Si/organic heterojunction solar cells with MoO_3 film as antireflection and inversion induced layer. Adv Mater ,2014, 26（34）: 6007-6012.

[173] SONG T, LEE S T, SUN B. Silicon nanowires for photovoltaic applications: the progress and challenge. Nano Energ, 2012, 1（5）: 654-673.

[174] ZHANG Y, ZU F, LEE S T, et al. Heterojunction with organic thin layers on silicon for record efficiency hybrid solar cells. Adv Energ Mater ,2014, 4（2）: 1300923.

[175] YUAN Z, WU Z, BAI S, et al. Hot-electron injection in a sandwiched Tiox-Au-Tiox structure for high-performance planar perovskite solar cells. Adv Energ Mater, 2015, 5（10）: 1500038.

[176] ZHANG J, SONG T, SHEN X, et al. A 12%-efficient upgraded metallurgical grade

silicon-organic heterojunction solar cell achieved by a self-purifying process. ACS Nano ,2014, 8（11）: 11369-11376.

[177] ZHU Y, YUAN Z, CUI W, et al.A cost-effective commercial soluble oxide cluster for highly efficient and stable organic solar cells. J Mater Chem A, 2014, 2（5）: 1436-1442.

[178] WU C, ZOU Y, WU T, et al. Improved performance and stability of all-inorganic perovskite light-emitting diodes by antisolvent vapor treatment. Adv Funct Mater ,2017, 27（28）: 1700338.

[179] WANG Y, XIA Z, LIU L, et al. The light-induced field-effect solar cell concept-perovskite nanoparticle coating introduces polarization enhancing silicon cell efficiency. Adv Mater ,2017, 29（18）: 1606370.

[180] ZOU Y, LIU Y, BAN M, et al. Crosslinked conjugated polymers as hole transport layers in high-performance quantum dot light-emitting diodes. Nanoscale Horiz,2017, 2（3）: 156-162.

[181] CUI W, WU Z, LIU C, et al. Room temperature solution processed tungsten carbide as an efficient hole extraction layer for organic photovoltaics. J Mater Chem A, 2014, 2（11）: 3734-3740.

[182] LIU Y, SUN N, LIU J, et al. Integrating a silicon solar cell with a triboelectric nanogenerator via a mutual electrode for harvesting energy from sunlight and raindrops. ACS Nano, 2018, 12（3）: 2893-2899.

[183] HU L, YAN J, LIAO M, et al. An optimized ultraviolet-a light photodetector with wide-range photoresponse based on ZnS/ZnO biaxial nanobelt. Adv Mater, 2012, 24（17）: 2305-2309.

[184] HU L, WU L, LIAO M, et al. Electrical transport properties of large, individual $NiCo_2O_4$ nanoplates. Adv Funct Mater, 2012, 22（5）: 998-1004.

[185] HAN S, HU L, LIANG Z, et al. One-step hydrothermal synthesis of 2D hexagonal nanoplates of α-Fe_2O_3/graphene composites with enhanced photocatalytic activity. Adv Funct Mater, 2014, 24（36）: 5719-5727.

[186] HAN S, HU L, GAO N, et al. Efficient self-assembly synthesis of uniform CdS spherical nanoparticles-Au nanoparticles hybrids with enhanced photoactivity. Adv Functl Mater, 2014, 24（24）: 3725-3733.

[187] HU L, CHEN M, FANG X, et al. Oil-water interfacial self-assembly: a novel strategy for nanofilm and nanodevice fabrication. Chem Soc Rev, 2012, 41（3）:1350-1362.

[188] PENG L,HU L,FANG X. Energy harvesting for nanostructured self-powered photodetectors. Adv Funct Mater ,2014, 24（18）: 2591-2610.

[189] HU L, CHEN M, SHAN W, et al. Stacking-order-dependent optoelectronic properties of bilayer nanofilm photodetectors made from hollow ZnS and ZnO microspheres. Adv Mater, 2012, 24（43）: 5872-5877.

[190] FANG X, YAN J, HU L, et al. Thin SnO_2 nanowires with uniform diameter as excellent field emitters: a stability of more than 2400 minutes. Adv Funct Mater ,2012, 22（8）: 1613-1622.

[191] CHEN H, HU L, FANG X, et al. General Fabrication of Monolayer SnO_2 nanonets for high-performance ultraviolet photodetectors. Adv Funct Mater, 2012, 22（6）: 1229-1235.

[192] ZHAO L, HU L, FANG X. Growth and device application of CdSe nanostructures. Adv Funct Mater ,2012, 22（8）: 1551-1566.

[193] HU L, BREWSTER M M, XU X, et al. Heteroepitaxial growth of GaP/ZnS nanocable with superior optoelectronic response. Nano Lett, 2013, 13（5）: 1941-1947.

[194] LIU H, HU L, WATANABE K, et al. Cathodoluminescence modulation of ZnS nanostructures by morphology, doping, and temperature. Adv Funct Mater ,2013, 23（29）: 3701-3709.

[195] LIU B, ZHANG J, WANG X, et al. Hierarchical three-dimensional $ZnCo_2O_4$ nanowire arrays/carbon cloth anodes for a novel class of high-performance flexible lithium-ion batteries. Nano Lett ,2012, 12（6）: 3005-3011.

[196] WANG X, LU X, LIU B, et al. Flexible energy-storage devices: design consideration and recent progress. Adv Mater ,2014, 26（28）: 4763-4782.

[197] XU J, WANG Q, WANG X, et al. Flexible asymmetric supercapacitors based upon Co_9S8 nanorod//Co_3O_4@ RuO_2 nanosheet arrays on carbon cloth. ACS Nano, 2013, 7（6）:5 453-5462.

[198] WANG X, LIU B, LIU R, et al. Fiber-based flexible all-solid-state asymmetric supercapacitors for integrated photodetecting system. Angew Chem Int Edit ,2014, 126（7）: 1880-1884.

[199] LIU Z, XU J, CHEN D, et al. Flexible electronics based on inorganic nanowires. Chem Soc Rev, 2015, 44（1）: 161-192.

[200] WANG Z, WANG H, LIU B, et al. Transferable and flexible nanorod-assembled TiO_2 cloths for dye-sensitized solar cells, photodetectors, and photocatalysts. ACS Nano, 2011, 5（10）: 8412-8419.

[201] WANG X, SONG W, LIU B, et al. High-performance organic-inorganic hybrid photodetectors based on P_3HT: CdSe nanowire heterojunctions on rigid and flexible substrates. Adv Functl Mater ,2013, 23（9）: 1202-1209.

[202] WANG Q, WANG X, XU J, et al. Flexible coaxial-type fiber supercapacitor based on $NiCo_2O_4$ nanosheets electrodes. Nano Energ, 2014, 8 : 44-51.

[203] XU J,WU H, LU L, et al. Integrated Photo-supercapacitor based on bi-polar TiO_2 nanotube arrays with selective one-side plasma-assisted hydrogenation. Adv Funct Mater ,2014, 24（13）: 1840-1846.

[204] QIAN Y, LIU R, WANG Q, et al. Efficient synthesis of hierarchical NiO nanosheets for high-performance flexible all-solid-state supercapacitors. J Mater Chem A, 2014, 2（28）: 10917-10922.

[205] CHEN G, LIU Z, LIANG B, et al. Single-crystalline p-type Zn_3As_2 nanowires for field-effect transistors and visible-light photodetectors on rigid and flexible substrates. Adv Funct Mater ,2013, 23（21）: 2681-2690.

[206] CHEN G, LIANG B, LIU X, et al. High-performance hybrid phenyl-C61-butyric acid methyl ester/Cd3P2 nanowire ultraviolet-visible-near infrared photodetectors. ACS Nano ,2013, 8（1）: 787-796.

[207] LIU B, LIU B, WANG X, et al. Constructing optimized wire electrodes for fiber supercapacitors. Nano Energ ,2014, 10 : 99-107.

[208] LIU B, LIU B, WANG X, et al. Memristor-integrated voltage-stabilizing supercapacitor system. Adv Mater ,2014, 26（29）: 4999-5004.

[209] CHEN S, WU Q, MISHRA C, et al. Thermal conductivity of isotopically modified graphene. Nat Mater ,2012, 11（3）: 203.

[210] CHEN S, JI H, CHOU H, et al. Millimeter-size single-crystal graphene by suppressing evaporative loss of Cu during low pressure chemical vapor deposition. Adv Mater,2013, 25（14）: 2062-2065.

[211] LI Q, CHOU H, ZHONG J H, et al. Growth of adlayer graphene on Cu studied by carbon isotope labeling. Nano Lett ,2013, 13（2）: 486-490.

[212] LIU X, LONG Y Z, LIAO L, et al. Large-scale integration of semiconductor nanowires for high-performance flexible electronics. ACS Nano ,2012, 6（3）: 1888-1900.

[213] ZOU X, WANG J, LIU X, et al. Rational design of sub-parts per million specific gas sensors array based on metal nanoparticles decorated nanowire enhancement-mode transistors. Nano Lett,2013, 13（7）: 3287-3292.

[214] LIU X, WANG C, CAI B, et al. Rational design of amorphous indium zinc oxide/carbon nanotube hybrid film for unique performance transistors. Nano Lett ,2012, 12（7）: 3596-3601.

[215] ZOU X, LIU X, WANG C, et al. Controllable electrical properties of metal-doped In_2O_3 nanowires for high-performance enhancement-mode transistors. ACS Nano, 2012, 7（1）: 804-810.

[216] LIAO L, DUAN X. Graphene for radio frequency electronics. Mater Today ,2012, 15（7-8）: 328-338.

[217] LIU X, JIANG L, ZOU X, et al.Scalable integration of indium zinc oxide/ photosensitive-nanowire composite thin-film transistors for transparent multicolor photodetectors array. Adv Mater,2014, 26（18）: 2919-2924.

[218] ZHAO Z, SHAN Z, ZHANG C, et al. Study on the diffusion mechanism of graphene grown on copper pockets. Small,2015, 11（12）: 1418-1422.

[219] WANG C, CHENG R, LIAO L, et al. High performance thin film electronics based on inorganic nanostructures and composites. Nano Today, 2013, 8（5）: 514-530.

[220] BAI S, WANG C, DENG M, et al. Surface polarization matters: enhancing the hydrogen-evolution reaction by shrinking pt shells in Pt-Pd-graphene stack structures. Angew Chem Int Edit,2014, 53（45）: 12120-12124.

[221] LIU Q, LI X, XIAO Z, et al. Stable metallic 1T-WS2 nanoribbons intercalated with ammonia ions: the correlation between structure and electrical/optical properties. Adv Mater ,2015, 27（33）: 4837-4844.

[222] LONG R, ZHOU S, WILEY B J, et al. Oxidative etching for controlled synthesis of metal nanocrystals: atomic addition and subtraction. Chem Soc Rev, 2014, 43（17）: 6288-6310.

[223] LI B, LONG R, ZHONG X, et al. Investigation of size-dependent plasmonic and catalytic properties of metallic nanocrystals enabled by size control with HCl oxidative etching. Small ,2014, 8（11）: 1710-1716.

[224] BAI Y, ZHANG W, ZHANG Z, et al. Controllably interfacing with metal: a strategy for enhancing CO oxidation on oxide catalysts by surface polarization. J Ame Chem Soc, 2014, 136（42）: 14650-14653.

[225] LONG R, RAO Z, MAO K, et al. Efficient coupling of solar energy to catalytic hydrogenation by using well-designed palladium nanostructures. Angew Chem Int Edit, 2015, 127（8）: 2455-2460.

[226] LIU D, LI L, GAO Y, et al. The nature of photocatalytic "water splitting" on silicon nanowires. Angew Chem Int Edit, 2015, 54（10）: 2980-2985.

[227] WANG L, LI X, LI Z, et al. A new cubic phase for a $NaYF_4$ host matrix offering high upconversion luminescence efficiency. Adv Mater ,2015, 27（37）: 5528-5533.

[228] LIU D, YANG D, GAO Y, et al. Flexible near-infrared photovoltaic devices based on plasmonic hot-electron injection into silicon nanowire arrays. Angew Chem Int Edit, 2016, 128（14）: 4653-4657.

[229] BAI S, JIANG J, ZHANG Q, et al. Steering charge kinetics in photocatalysis: intersection of materials syntheses, characterization techniques and theoretical simulations. Chem Soc Rev ,2015, 44（10）: 2893-2939.

[230] ZHOU X, ZHANG Y, WANG C, et al. Photo-Fenton reaction of graphene oxide: a new strategy to prepare graphene quantum dots for DNA cleavage. ACS Nano ,2012, 6（8）: 6592-6599.

[231] CHEN X, ZHOU X, HAN T, et al. Stabilization and induction of oligonucleotide i-motif structure via graphene quantum dots. ACS Nano, 2012, 7（1）: 531-537.

[232] NI H, WANG M, SHEN T, et al. Self-assembled large-area annular cavity arrays with tunable cylindrical surface plasmons for sensing. ACS Nano, 2015, 9（2）: 1913-1925.

[233] FU M, ZHAO A, HE D, et al. Colloidal crystal templates direct the morphologies of fabricated porous cuprous oxide particles. Chem Mater ,2014, 26（10）: 3084-3088.

[234] SUN Y L, DONG W F, YANG R Z, et al.Dynamically tunable protein microlenses. Angew Chem Int Edit,2012, 51（7）: 1558-1562.

[235] WANG R, TAN H, ZHAO Z, et al. Stable ZnO@ TiO_2 core/shell nanorod arrays with exposed high energy facets for self-cleaning coatings with anti-reflective properties. J Mater Chem A ,2014, 2（20）: 7313-7318.

[236] ZHANG L, BELOVA V, WANG H, et al. Controlled cavitation at nano/microparticle surfaces. Chem Mater ,2014, 26（7）: 2244-2248.

[237] ZHU S, MENG Q, WANG L, et al. Highly photoluminescent carbon dots for multicolor patterning, sensors, and bioimaging. Angew Chem Int Edit ,2013, 125（14）: 4045-4049.

[238] ZHU S, ZHANG J, TANG S, et al. Surface chemistry routes to modulate the photoluminescence of graphene quantum dots: from fluorescence mechanism to up-conversion bioimaging applications. Adv Funct Mater ,2012, 22（22）: 4732-4740.

[239] LIU Y, YAO D, SHEN L, et al. Alkylthiol-enabled Se powder dissolution in oleylamine at room temperature for the phosphine-free synthesis of copper-based quaternary selenide nanocrystals. J Am Chem Soc, 2012, 134（17）: 7207-7210.

[240] WU Z, LIU J, GAO Y, et al. Assembly-induced enhancement of Cu nanoclusters luminescence with mechanochromic property. J Am Chem Soc, 2015, 137（40）: 12906-12913.

[241] ZHANG H, LIU Y, YAO D, et al. Hybridization of inorganic nanoparticles and polymers to create regular and reversible self-assembly architectures. Chem Soc Rev, 2012, 41（18）: 6066-6088.

[242] ZHU S, SONG Y, SHAO J, et al. Non-conjugated polymer dots with crosslink-enhanced emission in the absence of fluorophore units.Angew Chem Int Edit, 2015, 54（49）: 14626-14637.

[243] CHEN Z, ZHANG H, DU X, et al. From planar-heterojunction to n-i structure: an efficient strategy to improve short-circuit current and power conversion efficiency of aqueous-solution-processed hybrid solar cells. Energ Environ Sci, 2013, 6（5）: 1597-1603.

[244] ZHOU D, LIN M, LIU X, et al. Conducting the temperature-dependent conformational change of macrocyclic compounds to the lattice dilation of quantum dots for achieving an ultrasensitive nanothermometer. ACS Nano,2013, 7（3）: 2273-2283.

[245] CHEN Z, ZHANG H, YU W, et al. Inverted hybrid solar cells from aqueous materials with a PCE of 3.61%. Adv Energ Mater,2013,3（4）: 433-437.

[246] ZHU S, ZHAO X, SONG Y, et al. Beyond bottom-up carbon nanodots: citric-acid derived organic molecules. Nano Today, 2016, 11（2）: 128-132.

[247] WU Z, LIU J, LI Y, et al. Self-assembly of nanoclusters into mono-, few-, and multilayered sheets via dipole-induced asymmetric van der waals attraction. ACS

Nano,2015, 9（6）: 6315-6323.

[248] WU Z, LI Y, LIU J, et al. Colloidal self-assembly of catalytic copper nanoclusters into ultrathin ribbons. Angew Chem Int Edit,2014, 53（45）: 12196-12200.

[249] DU X, CHEN Z, LI Z, et al. Dip-coated gold nanoparticle electrodes for aqueous-solution-processed large-area solar cells. Adv Energ Mater, 2014, 4（9）: 1400135.

[250] WEI H, ZHANG H, SUN H, et al. Preparation of polymer-nanocrystals hybrid solar cells through aqueous approaches. Nano Today,2012, 7（4）: 316-326.

[251] CHEN Z, ZHANG H, ZENG Q, et al. In situ construction of nanoscale CdTe-CdS bulk heterojunctions for inorganic nanocrystal solar cells. Adv Energ Mater,2014, 4（10）: 400235.

[252] WEI H, JIN G, WANG L, et al. Synthesis of a water-soluble conjugated polymer based on thiophene for an aqueous-processed hybrid photovoltaic and photodetector device. Adv Mater,2014, 26（22）: 3655-3661.

[253] WU Z, DONG C, LI Y, et al. Self-assembly of Au15 into single-cluster-thick sheets at the interface of two miscible high-boiling solvents. Angew Chem Int Edit ,2013, 125（38）: 10136-10139.

[254] WEI H, ZHANG H, JIN G, et al. Coordinatable and high charge-carrier-mobility water-soluble conjugated copolymers for effective aqueous-processed polymer-nanocrystal hybrid solar cells and OFET applications. Adv Funct Mater, 2013, 23（32）: 4035-4042.

[255] CHEN Z, LIU F, ZENG Q, et al. Efficient aqueous-processed hybrid solar cells from a polymer with a wide bandga. J Mater Chem A,2015, 3（20）: 10969-10975.

[256] ZHOU D, LIU M, LIN M, et al. Hydrazine-mediated constructon of nanocrystal self-assembly materials. ACS Nano,2014, 8（10）: 10569-10581.

[257] LIU F, CHEN Z, DU X, et al. High efficiency aqueous-processed MEH-PPV/CdTe hybrid solar cells with a PCE of 4.20%. J Mater Chem A, 2016, 4（3）: 1105-1111.

[258] LIU Y, YAO D, YAO S, et al. Phosphine-free synthesis of heavy Co^{2+}-and Fe^{2+}-doped Cu_2 $SnSe_3$ nanocrystals by virtue of alkylthiol-assistant Se powder dissolution. J Mater Chem A,2013, 1（8）: 2748-2751.

[259] LUO X, XIN W, YANG C, et al. Au-Edged $CuZnSe_2$ heterostructured nanosheets with enhanced electrochemical performance. Small,2015, 11（29）: 3583-3590.

[260] LI X, GUO X, CAO L, et al. Water-soluble triarylboron compound for ATP imaging in vivo using analyte-induced finite aggregation. Angew Chem Int Edit,2015, 53（30）: 7809-7813.

[261] ZHAO Q, XIAO Z, ZHANG F, et al. Tailorable zero-phase delay of subwavelength particles toward miniaturized wave manipulation devices. Adv Mater,2015, 27（40）: 6187-6194.

[262] WANG X, GU Y, XIONG Z, et al. Silk-molded flexible, ultrasensitive, and highly stable electronic skin for monitoring human physiological signals. Adv Mater ,2014, 26（9）: 1336-1342.

[263] WANG X, XIONG Z, LIU Z, et al. Exfoliation at the liquid/air interface to assemble reduced graphene oxide ultrathin films for a flexible noncontact sensing device. Adv Mater,2015, 27（8）: 1370-1375.

[264] LI T, LUO H, QIN L, et al. Flexible capacitive tactile sensor based on micropatterned dielectric layer. Small,2016, 12（36）: 5042-5048.

[265] LI G, WANG X, LIU L, et al. Controllable synthesis of 3D Ni（OH）$_2$ and NiOnanowalls on various substrates for high-performance nanosensors. Small,2015, 11（6）: 731-739.

[266] ZHANG X, ZHAO J, DOU J, et al. Flexible CMOS-like circuits based on printed P-Type and N-Type carbon nanotube thin-film transistors. Small, 2016, 12（36）: 5066-5073.

[267] FENG P, XU W, YANG Y, et al. Printed neuromorphic devices based on printed carbon nanotube thin-film transistors. Adv Funct Mater,2017, 27（5）: 1604447.

[268] JI J, ZHOU Z, YANG X, et al. One-dimensional nano-interconnection formation. Small,2013, 9（18）: 3014-3029.

[269] GAO A, LU N, WANG Y, et al. Enhanced sensing of nucleic acids with silicon nanowire field effect transistor biosensors. Nano Lett,2012,12（10）: 5262-5268.

[270] QU X, ZHU D, YAO G, et al. An exonuclease III-powered, on-particle stochastic DNA walker. Angew Chem Int Edit,2017,56（7）: 1855-1858.

[271] LIN M, SONG P, ZHOU G, et al .Electrochemical detection of nucleic acids, proteins, small molecules and cells using a DNA-nanostructure-based universal biosensing platform. Nat Protoc, 2016, 11（7）: 1244.

[272] GAO A, ZOU N, DAI P, et al. Signal-to-noise ratio enhancement of silicon nanowires biosensor with rolling circle amplification. Nano Let, 2013, 13（9）: 4123-4130.

[273] QU X, WANG S, GE Z, et al. Programming cell adhesion for on-chip sequential boolean logic functions. J Am Chem Soc,2017, 139（30）: 10176-10179.

[274] ZHU D, PEI H, YAO G, et al. A surface-confined proton-driven DNA pump using a dynamic 3D DNA scaffold. Adv Mater,2016, 28（32）: 6860-6865.

[275] YU X, WANG Y, ZHOU H, et al. Top-down fabricated silicon-nanowire-based field-effect transistor device on a （111） silicon wafer. Small,2013, 9（4）: 525-530.

[276] OUYANG X, LI J, LIU H, et al.Rolling circle amplification-based DNA origami nanostructrures for intracellular delivery of immunostimulatory drugs. Small,2013, 9（18）: 3082-3087.

[277] ZHAO B, SHEN J, CHEN S, et al. Gold nanostructures encoded by non-fluorescent small molecules in polyA-mediated nanogaps as universal SERS nanotags for recognizing various bioactive molecules. Chem Sci,2014, 5（11）: 4460-4466.

[278] YAN J, HU C, WANG P, et al. Growth and origami folding of DNA on nanoparticles for high-efficiency molecular transport in cellular imaging and drug delivery. Angew Chem Int Edit,2015, 54（8）: 2431-2435.

[279] ZHAO B, YAN J, WANG D, et al. Carbon nanotubes multifunctionalized by rolling circle amplification and their application for highly sensitive detection of cancer markers. Small,2013, 9（15）: 2595-2601.

[280] YAO G, LI J, CHAO J, et al. Gold-nanoparticle-mediated jigsaw-puzzle-like assembly of supersized plasmonic DNA origami. Angew Chem Int Edit,2015, 54（10）: 2966-2969.

[281] LAO Z, HU Y, ZHANG C, et al. Capillary force driven self-assembly of anisotropic hierarchical structures prepared by femtosecond laser 3D printing and their applications in crystallizing microparticles. Acs Nano ,2015, 9（12）: 12060-12069.

[282] REN F, LI G, ZHANG Z, et al. A single-layer Janus membrane with dual gradient conical micropore arrays for self-driving fog collection. J Mater Chem A,2017, 5（35）: 18403-18408.

[283] LI G, LU Y, WU P, et al. Fish scale inspired design of underwater superoleophobicmicrocone arrays by sucrose solution assisted femtosecond laser irradiation for multifunctional liquid manipulation. J Mater Chem A ,2015, 3（36）: 18675-18683.

[284] YANG W, CHEN G, SHI Z, et al. Epitaxial growth of single-domain graphene on hexagonal boron nitride. Nat Mater,2013, 12（9）: 792.

[285] LI G, LU Y, WU P, et al. Fish scale inspired design of underwater superoleophobicmicrocone arrays by sucrose solution assisted femtosecond laser irradiation for multifunctional liquid manipulation. J Mater Chem A,2015, 3（36）: 18675-18683.

[286] YANG W, CHEN G, SHI Z, et al. Watanabe, K., Epitaxial growth of single-domain graphene on hexagonal boron nitride. Nat Mater,2013, 12（9）: 792.

[287] ZHANG J, YU H, CHEN W, et al. Scalable growth of high-quality polycrystalline MoS_2 monolayers on SiO_2 with tunable grain sizes. ACS Nano,2014, 8（6）: 6024-6030.

[288] CHEN W, ZHAO J, ZHANG J, et al. Oxygen-assisted chemical vapor deposition growth of large single-crystal and high-quality monolayer MoS_2. J Am Chem Soc,2015, 137（50）: 15632-15635.

[289] SHI Z, JIN C, YANG W, et al. Gate-dependent pseudospin mixing in graphene/boron nitride moiré superlattices. Nat Phys,2014, 10（10）: 743.

[290] HE C, LI J, WU X, et al. Tunable electroluminescence in planar graphene/SiO_2 memristors. Adv Mater,2013, 25（39）: 5593-5598.

[291] YANG W, LU X, CHEN G, et al. Hofstadter butterfly and many-body effects in epitaxial graphene superlattice. Nano Lett,2016, 16（4）: 2387-2392.

[292] GALLAGHER P, LEE M, AMET F, et al. Goldhaber-Gordon, Switchable friction enabled by nanoscale self-assembly on graphene. Nat Commun,2016, 7 : 10745.

[293] ZHAO J, WANG G, YANG R, et al. Tunable piezoresistivity of nanographene films for strain sensing. Acs Nano,2015, 9（2）: 1622-1629.

[294] WU S, LIU B, SHEN C, et al. Magnetotransport properties of graphene nanoribbons with zigzag edges. Phys Rev Lett,2018, 120（21）: 216601.

[295] WANG D, CHEN G, LI C, et al. Thermally induced graphene rotation on hexagonal boron nitride. Phys Rev Lett,2016, 116（12）: 126101.

[296] CHEN Z G, SHI Z, YANG W, et al. Observation of an intrinsic bandgap and Landau level renormalization in graphene/boron-nitride heterostructures. Nat Commun,2014, 5 : 4461.

[297] CHENG M, WANG D, SUN Z, et al. A route toward digital manipulation of water nanodroplets on surfaces. ACS Nano ,2014, 8（4）: 3955-3960.

[298] XIE G, YANG R, CHEN P, et al. A general route towards defect and pore engineering in graphene. Small,2014,10（11）: 2280-2284.

[299] YU H, YANG Z, DU L, et al. Precisely aligned monolayer MoS_2 epitaxially grown on h-BN basal plane. Small,2017, 13（7）: 1603005.

[300] LU X, YU M, WANG G, et al. Flexible solid-state supercapacitors: design, fabrication and applications. Energ Environ Sci,2014, 7（7）: 2160-2181.

[301] LU X, ZENG Y, YU M, et al. Oxygen-deficient hematite nanorods as high-performance and novel negative electrodes for flexible asymmetric supercapacitors. Adv Mater,2014, 26（19）: 3148-3155.

[302] ZHAI T, LU X, LING Y, et al. A new benchmark capacitance for supercapacitor anodes by mixed-valence sulfur-soped V_6O1_{3-x}. Adv Mater ,2014, 26（33）: 5869-5875.

[303] BALOGUN M S, QIU W, WANG W, et al.Recent advances in metal nitrides as high-performance electrode materials for energy storage devices. J Mater Chem A,2015, 3（4）: 1364-1387.

[304] ZHAI T, XIE S, YU M, et al. Oxygen vacancies enhancing capacitive properties of MnO_2 nanorods for wearable asymmetric supercapacitors. Nano Energy,2014, 8 : 255-263.

[305] LU X, XIE S, YANG H, et al. Photoelectrochemical hydrogen production from biomass derivatives and water. Chem Soc Rev,2014, 43（22）: 7581-7593.

[306] YU M, ZHANG Y, ZENG Y, et al. Water surface assisted synthesis of large-scale carbon nanotube film for high-performance and stretchable supercapacitors. Adv Mater,2014, 26（27）: 4724-4729.

[307] YU M, HUANG Y, LI C, et al. Building three-dimensional graphene frameworks for energy storage and catalysis. Adv Funct Mater,2015, 25（2）: 324-330.

[308] BALOGUN M S, YU M, HUANG Y, et al. Binder-free Fe_2N nanoparticles on carbon textile with high power density as novel anode for high-performance flexible lithium ion batteries. Nano Energy,2015, 11 : 348-355.

[309] ZHAI T, LU X, WANG H, et al. An electrochemical capacitor with applicable energy density of 7.4 Wh/kg at average power density of 3000 W/kg. Nano Lett,2015, 15（5）: 3189-3194.

[310] BALOGUN M S, YU M, LI C, et al. Facile synthesis of titanium nitride nanowires on carbon fabric for flexible and high-rate lithium ion batteries. J Mater Chem A,2014, 2（28）: 10825-10829.

[311] LIANG C, ZHAI T, WANG W, et al. Fe_3O_4/reduced graphene oxide with enhanced electrochemical performance towards lithium storage. J Mater Chem A ,2014, 2（20）:

7214-7220.

[312] XIE S, SU H, WEI W, et al. Remarkable photoelectrochemical performance of carbon dots sensitized TiO_2 under visible light irradiation. J Mater Chem A,2014, 2（39）: 16365-16368.

[313] MAO Y, YANG H, CHEN J, et al. Significant performance enhancement of ZnO photoanodes from Ni （OH）$_2$ electrocatalyst nanosheets overcoating. Nano Energy, 2014, 6 : 10-18.

[314] XIE S, LI M, WEI W, et al. Gold nanoparticles inducing surface disorders of titanium dioxide photoanode for efficient water splitting. Nano Energy,2014, 10 : 313-321.

[315] LONG H, SHI T, JIANG S, et al. Synthesis of a nanowire self-assembled hierarchical $ZnCo_2O_4$ shell/Ni current collector core as binder-free anodes for high-performance Li-ion batteries. J Mater Chem A, 2014, 2（11）: 3741-3748.

[316] XING J F, ZHENG M L, DUAN X M. Two-photon polymerization microfabrication of hydrogels: an advanced 3D printing technology for tissue engineering and drug delivery. Chem Soc Rev,2015, 44（15）: 5031-5039.

[317] JI M,XU M, ZHANG W, et al. Structurally well-defined Au@ $Cu_{2-x}S$ core-shell nanocrystals for improved cancer treatment based on enhanced photothermal efficiency. Adv Mater ,2016, 28（16）: 3094-3101.

[318] WANG A, JIANG L, LI X, et al. Mask-free patterning of high-conductivity metal nanowires in open air by spatially modulated femtosecond laser pulses. Adv Mater,2015, 27（40）: 6238-6243.

[319] HUANG L, ZHENG J, HUANG L, et al. Controlled synthesis and flexible self-assembly of monodisperse Au@ semiconductor core/shell hetero-nanocrystals into diverse superstructures. Chem Mater,2017, 29（5）: 2355-2363.

[320] FENG J, LIU J, CHENG X, et al. Hydrothermal cation exchange enabled gradual evolution of Au@ ZnS-AgAuS yolk-shell nanocrystals and their visible light photocatalytic applications. Adv Sci,2018, 5（1）: 1700376.

[321] HUANG L, WAN X, RONG H, et al. Colloid-interface-assisted laser irradiation of nanocrystals superlattices to be scalable plasmonic superstructures with novel activities. Small,2018, 14（16）: 1703501.

[322] LIU J, FENG J, GUI J, et al. Metal@ semiconductor core-shell nanocrystals with atomically organized interfaces for efficient hot electron-mediated photocatalysis. Nano Energy,2018, 48 : 44-52.

[323] PINCHETTI V, DI Q, LORENZON M, et al. Excitonic pathway to photoinduced magnetism in colloidal nanocrystals with nonmagnetic dopants. Nat Nanotec,2018, 13（2）: 145.

[324] XIA J, ZHENG J, HUANG D, et al. New model to explain tooth wear with implications for microwear formation and diet reconstruction. P Natl A Sci, 2015, 112（34）:

10669-10672.

[325] CHEN L, WEN J, ZHANG P, et al. Nanomanufacturing of silicon surface with a single atomic layer precision via mechanochemical reactions. Nat Commun,2018, 9（1）: 1542.

[326] YIN X, QUE M, XING Y, et al. High efficiency hysteresis-less inverted planar heterojunction perovskite solar cells with a solution-derived NiO_x hole contact layer. J Mater Chem A,2015, 3（48）: 24495-24503.

[327] YIN X, CHEN P, QUE M, et al. Highly efficient flexible perovskite solar cells using solution-derived NiO_x hole contacts. ACS Nano,2016, 10（3）: 3630-3636.

[328] JIANG W, NIU D, LIU H, et al. Photoresponsive soft-robotic platform: biomimetic fabrication and remote actuation. Adv Funct Mater ,2014, 24（48）: 7598-7604.

[329] RAN C, CHEN Y, GAO W, et al.One-dimensional （1D）[6, 6]-phenyl-C 61-butyric acid methyl ester （PCBM） nanorods as an efficient additive for improving the efficiency and stability of perovskite solar cells. J Mater Chem A, 2016, 4（22）: 8566-8572.

[330] SHAO J, DING Y, WANG W, et al. Generation of fully-covering hierarchical micro-/nano-structures by nanoimprinting and modified laser swelling. Small,2014, 10（13）: 2595-2601.

[331] CHEN X, LI X, SHAO J, et al. High-performance piezoelectric nanogenerators with imprinted P （VDF-TrFE）/$BaTiO_3$ nanocomposite micropillars for self-powered flexible sensors. Small,2017,13（23）: 1604245.

[332] LIU H, ZHAO T, JIANG W, et al. Flexible battery-less bioelectronic implants: sireless powering and manipulation by near-infrared light. Adv Funct Mater ,2015, 25（45）: 7071-7079.

[333] HUANG Y, DING Y, BIAN J, et al. Hyper-stretchable self-powered sensors based on electrohydrodynamically printed, self-similar piezoelectric nano/microfibers. Nano Energy,2017, 40 : 432-439.

[334] LI X, TIAN H, SHAO J, et al. Decreasing the saturated contact angle in electrowetting-on-dielectrics by controlling the charge trapping at liquid-solid interfaces. Adv Funct Mater ,2016, 26（18）: 2994-3002.

[335] LIU Y H, XU J L, GAO X, et al. Freestanding transparent metallic network based ultrathin, foldable and designable supercapacitors. Energy Environ Sci,2017, 10（12）: 2534-2543.

[336] ZHAN D, HAN L, ZHANG J, et al. Electrochemical micro/nano-machining: principles and practices. Chem Soc Rev,2017, 46（5）: 1526-1544.

[337] ZHAO Q, WANG W, SHAO J, et al. Nanoscale electrodes for flexible electronics by swelling controlled cracking. Adv Mater,2016, 28（30）: 6337-6344.

[338] LIU Y H, XU J L, SHEN S, et al. High-performance, ultra-flexible and transparent embedded metallic mesh electrodes by selective electrodeposition for all-solid-state supercapacitor applications. J Mater Chem A, 2017, 5（19）: 9032-9041.

[339] ZHAN D, HAN L, ZHANG J, et al. Conined chemical etching for electrochemical machining with nanoscale accuracy. Accounts Chem Res, 2017, 49（11）: 2596-2604.

[340] YANG Z, WANG M, QIU H, et al. Engineering the exciton dissociation in quantum-confined 2D $CsPbBr_3$ nanosheet Films. Adv Func Mater ,2018, 28（14）: 1705908.

[341] ZHANG J, ZHANG L, WANG W, et al. Contact electrification induced interfacial reactions and direct electrochemical nanoimprint lithography in n-type gallium arsenate wafer. Chem Sci,2017, 8（3）: 2407-2412.

[342] WANG W, ZHANG J, WANG F, et al. Mobility and reactivity of oxygen adspecies on platinum surface. J Am Cheml Soc,2016, 138（29）: 9057-9060.

[343] WANG C, SHAO J, TIAN H, et al.Step-controllable electric-field-assisted nanoimprint lithography for uneven large-area substrates. ACS Nano,2016, 10（4）: 4354-4363.

[344] ZHANG J, DONG B Y, JIA J, et al. Electrochemical buckling microfabrication. Chem Sci 2016, 7（1）: 697-701.

[345] HUANG D, ZHU Y, SU Y Q, et al. Dielectric-dependent electron transfer behaviour of cobalt hexacyanides in a solid solution of sodium chloride. Chem Sci,2015, 6（11）: 6091-6096.

[346] LI X, XU C, WANG C, et al. Improved triboelectrification effect by bendable and slidable fish-scale-like microstructures. Nano Energy,2017, 40 : 646-654.

[347] CAO M, WANG M, LI L, et al. Wearable rGO-Ag NW@ cotton fiber piezoresistive sensor based on the fast charge transport channel provided by Ag nanowire. Nano Energ,2018, 50 : 528-535.

[348] LI X, SHAO J, KIM S K, et al. High energy flexible supercapacitors formed via bottom-up infilling of gel electrolytes into thick porous electrodes. Nat Commun,2018,9（1）: 2578.

[349] ZHOU L, XIANG H Y, SHEN S, et al. High-performance flexible organic light-emitting diodes using embedded silver network transparent electrodes. ACS Nano,2014, 8（12）: 12796-12805.

[350] XIANG H Y, LI Y Q, ZHOU L, et al. Outcoupling-enhanced flexible organic light-emitting diodes on ameliorated plastic substrate with built-in indium-tin-oxide-free transparent electrode. ACS Nano,2015, 1（7）: 7553-7562.

[351] QIAO W, HUANG W, LIU Y, et al. Toward scalable flexible nanomanufacturing for photonic structures and devices. Adv Mater, 2016, 28（47）: 10353-10380.

[352] CHENG X, MENG B, ZHANG X , et al. Wearable electrode-free triboelectric generator for harvesting biomechanical energy. Nano Energy, 2015, 12 : 19-25.

[353] YANG T, WANG W, ZHANG H, et al. Tactile sensing system based on arrays of graphene woven microfabrics: electromechanical behavior and electronic skin application. ACS Nano ,2015, 9（11）: 10867-10875.

[354] ZHANG J, WANG J, CHEN P, et al. Observation of strong interlayer coupling in MoS_2/

WS_2 heterostructures. Adv Mater,2016, 28（10）: 1950-1956.

[355] YANG T, LI X, JIANG X, et al. Structural engineering of gold thin films with channel cracks for ultrasensitive strain sensing. Mater Horiz, 2016, 3（3）: 248-250.

[356] LU N, GAO A, DAI P, et al. CMOS-compatible silicon nanowire field-effect transistors for ultrasensitive and label-free microRNAs sensing. Small, 2014,10（10）: 2022-2028.

[357] SONG Y, CHENG X, CHEN H, et al. Integrated self-charging power unit with flexible supercapacitor and triboelectric nanogenerator. J Mater Chem A,2016, 4（37）: 14298-14306.

[358] HUANG H Y. Sulfuration-desulfuration reaction sensing effect of intrinsic ZnO nanowires for high-performance H_2S detection. J Mater Chem A,2015, 3（12）: 6330-6339.

[359] LIU Z, LI Z, LIU Z, et al. High-performance broadband circularly polarized beam deflector by mirror effect of multinanorodmetasurfaces. Adv Func Mater ,2015, 25（34）: 5428-5434.

[360] CHEN X, SONG Y, SU Z, et al. Flexible fiber-based hybrid nanogenerator for biomechanical energy harvesting and physiological monitoring. Nano Energy,2015, 38 : 43-50.

[361] LIU Z, DU S, CUI A, et al. High-quality-factor mid-infrared toroidal excitation in folded 3D metamaterials. Adv Mater,2017, 29（17）: 1606298.

[362] YU P, LI J, TANG C, et al. Controllable optical activity with non-chiral plasmonic metasurfaces. Light-Sci Appi,2016, 5（7）: e16096.

[363] CHEN H, SU Z, SONG Y, et al. Omnidirectional bending and pressure sensor based on stretchable CNT-PU sponge. Adv Funct Mater,2017, 27（3）: 1604434.

[364] YAN D, XU P, XIANG Q, et al. Polydopamine nanotubes: bio-inspired synthesis, formaldehyde sensing properties and thermodynamic investigation. J Mater Chem A ,2016, 4（9）: 3487-3493.

[365] CUI A, LIU Z, DONG H, et al. Single grain boundary break junction for suspended nanogap electrodes with gapwidth down to 1~2 nm by focused ion beam milling. Adv Mater,2015, 27（19）: 3002-3006.

[366] CHENG X, XUE X, MA Y, et al. Implantable and self-powered blood pressure monitoring based on a piezoelectric thinfilm: Simulated, in vitro and in vivo studies. Nano Energy,2016, 22 : 453-460.

[367] REN Y, ZHOU X, LUO W, et al. Amphiphilic block copolymer templated synthesis of mesoporous indium oxides with nanosheet-assembled pore walls. Chem of Mater,2016, 28（21）: 7997-8005.

[368] XU P, GUO S, YU H, et al.Mesoporous silica nanoparticles （MSNs） for detoxification of hazardous organophorous chemicals. Small,2014, 10（12）: 2404-2412.

[369] SHI M, WU H, ZHANG J, et al. Self-powered wireless smart patch for healthcare monitoring. Nano Energy,2014, 32 : 479-487.

[370] CHENG X, MIAO L, SONG Y, et al. High efficiency power management and charge boosting strategy for a triboelectric nanogenerator. Nano Energy, 2017, 38 : 438-446.

[371] CHEN H, MIAO L, SU Z, et al. Fingertip-inspired electronic skin based on triboelectric sliding sensing and porous piezoresistive pressure detection. Nano Energy, 2017, 40 : 65-72.

[372] SU Z, HAN M, CHENG X, et al. Asymmetrical triboelectric nanogenerator with controllable direct electrostatic discharge. Adv Funct Mater, 2016,26（30）: 5524-5533.

[373] MENG J, WANG G, LI X, et al. Rolling up a monolayer MoS_2 sheet. Small,2016, 12(28): 3770-3774.

[374] SONG Y, CHEN H, SU Z, et al. Highly compressible integrated supercapacitor-piezoresistance-sensor system with CNT-PDMS sponge for health monitoring. Small ,2017, 13（39）: 1702091.

[375] ZHANG X S, HAN M, KIM B, et al. All-in-one self-powered flexible microsystems based on triboelectric nanogenerators. Nano Energy, 2018, 47 : 410-426.

[376] WU H, SU Z, SHI M, et al. Self-powered noncontact electronic skin for motion sensing. Adv Funct Mater,2018, 28（6）: 1704641.

[377] SU Z, WU H, CHEN H, et al. Digitalized self-powered strain gauge for static and dynamic measurement. Nano Energy, 2017, 42 : 129-137.

[378] CHEN X, GUO H, WU H, et al. Hybrid generator based on freestanding magnet as all-direction in-plane energy harvester and vibration sensor. Nano Energy, 2018, 49 : 51-58.

[379] SU Z, CHEN H, SONG Y, et al. Microsphere-assisted robust epidermal strain gauge for static and dynamic gesture recognition. Small,2017, 13（47）: 1702108.

[380] CHEN W, LIU Y, ZHANG Y, et al. Highly effective and specific way for the trace analysis of carbaryl insecticides based on Au 42 Rh 58 alloy nanocrystals. J Mater Chem A, 2017, 5（15）: 7064-7071.

[381] LIU R, FAN S, XIAO D, et al. Free-standing single-molecule thick crystals consisting of linear long-chain polymers. Nano Lett,2017, 17（3）: 1655-1659.

[382] GAO W, YANG B, LAWRENCE M, et al. Photonic Weyl degeneracies in magnetized plasma. Nat Commun, 2016, 7 : 12435.

[383] WANG L, LI Q, WANG H Y, et al. Ultrafast optical spectroscopy of surface-modified silicon quantum dots: unraveling the underlying mechanism of the ultrabright and color-tunable photoluminescence. Light-Sci Appl, 2015, 4（1）: e245.

[384] WANG D, HAN D, LI X B, et al. Determination of formation and ionization energies of charged defects in two-dimensional materials. Phys Rev Lett, 2015, 114（19）: 196801.

[385] WANG L, CHEN Q D, CAO X W, et al. Plasmonic nano-printing: large-area nanoscale energy deposition for efficient surface texturing. Light-Sci Appl, 2017, 6（12）: e17112.

[386] SUN Y L, SUN S M, WANG P, et al. Customization of protein single nanowires for optical biosensing. Small, 2015, 1（24）: 2869-2876.

[387] ZHU S, MENG Q, WANG L, et al. Highly photoluminescent carbon dots for multicolor patterning, sensors, and bioimaging. Angew Chem Int Edit , 2013, 52（14）: 3953-3957.

[388] LU X, WANG G, ZHAI T, et al. Hydrogenated TiO_2 nanotube arrays for supercapacitors. Nano Lett, 2012, 12（3）: 1690-1696.

[389] JIANG J, ZHAO K, XIAO X, et al. Synthesis and facet-dependent photoreactivity of BiOCl single-crystalline nanosheets. J Am Chem Soc, 2012, 134（10）: 4473-4476.

[390] LIU B, ZHANG J, WANG X, et al. Hierarchical three-dimensional $ZnCo_2O_4$ nanowire arrays/carbon cloth anodes for a novel class of high-performance flexible lithium-ion batteries. Nano Lett, 2012, 12（6）: 3005-3011.

[391] LU X, YU M, WANG G, et al. H-TiO_2@ MnO_2//H-TiO_2@C core-shell nanowires for high performance and flexible asymmetric supercapacitors. Adv Mater, 2013, 25（2）: 267-272.

[392] LI X, CHOY W C, HUO L, et al. Dual plasmonic nanostructures for high performance inverted organic solar cells. Adv Mater, 2012, 24（22）: 3046-3052.

[393] WANG G, LU X, LING Y, et al. LiCl/PVA gel electrolyte stabilizes vanadium oxide nanowire electrodes for pseudocapacitors. ACS Nano, 2012, 6（11）: 10296-10302.

[394] ZHU S, ZHANG J, TANG S, et al. Surface chemistry routes to modulate the photoluminescence of graphene quantum dots: from fluorescence mechanism to up-conversion bioimaging applications. Adv Funct Mater, 2012, 22（22）: 4732-4740.

[395] WANG X, LU X, LIU B, et al. Flexible energy-storage devices: design consideration and recent progress. Adv Mater, 2014, 26（28）: 4763-4782.

[396] LU X, YU M, WANG G, et al. Flexible solid-state supercapacitors: design, fabrication and applications. Energ Environ Sci,2014, 7（7）: 2160-2181.

[397] ZHANG J, YU J, ZHANG Y, et al. Visible light photocatalytic H_2-production activity of CuS/ZnS porous nanosheets based on photoinduced interfacial charge transfer. Nano Lett, 2011, 11（11）: 4774-4779.

[398] LU X, ZHAI T, ZHANG X, et al. WO_{3-x}@Au@MnO_2 core-shell nanowires on carbon fabric for high-performance flexible supercapacitors. Adv Mater, 2012, 24（7）: 938-944.

[399] LIU Q, GUO B, RAO Z, et al. Strong two-photon-induced fluorescence from photostable, biocompatible nitrogen-doped graphene quantum dots for cellular and deep-tissue imaging. Nano Lett, 2013, 13（6）: 2436-2441.

[400] CHEN S, WU Q, MISHRA C, et al.Thermal conductivity of isotopically modified graphene. Nat Mater, 2012, 11（3）: 203.

[401] YANG W, CHEN G, SHI Z, et al. Epitaxial growth of single-domain graphene on hexagonal boron nitride. Nat Mater, 2013, 12（9）: 792.

[402] XU J, WANG Q, WANG X, et al. Flexible asymmetric supercapacitors based upon Co_9S_8 nanorod//Co_3O_4@ RuO_2 nanosheet arrays on carbon cloth. ACS Nano, 2013, 7（6）: 5453-5462.

[403] CHEN Q, LUO M, HAMMERSHØJ P, et al. Microporous polycarbazole with high specific surface area for gas storage and separation. J Am Chem Soc, 2012, 134 (14): 6084-6087.

[404] YIN X, CHEN P, QUE M, et al. Highly efficient flexible perovskite solar cells using solution-derived NiOx hole contacts. ACS Nano, 2016, 10 (3): 3630-3636.

[405] XING J F, ZHENG M L, DUAN X M.Two-photon polymerization microfabrication of hydrogels: an advanced 3D printing technology for tissue engineering and drug delivery. Chem Soc Rev, 2015, 44 (15): 5031-5039.

[406] JIANG L, YANG J, WANG S, et al. Fiber Mach-Zehnder interferometer based on microcavities for high-temperature sensing with high sensitivity. Opt Lett, 2011, 36(19): 3753-3755.

附录 2　获得国家科学技术奖励项目一览表

附表 2.1　“纳米制造的基础研究”获得国家科学技术奖励项目目录

项目批准号	获奖项目名称	完成人（排名）[1]	完成单位	获奖项目编号	获奖类别[2]	获奖等级	获奖时间
91323302	摩擦过程的微粒行为和作用机制	雒建斌（1） 路新春（3） 郭丹（5）	清华大学	Z-109-2-03	Z	2	2018
91023026	低维纳米功能材料与器件原理的物理力学研究	郭万林（1）	南京航空航天大学等	Z-110-2-01	Z	2	2012
91023047	复杂曲面数字化制造的几何推理理论和方法	丁汉（1） 朱利民（4）	华中科技大学 上海交通大学	Z-109-2-02	Z	2	2012
91123010	特征结构导向构筑无机纳米功能材料	熊宇杰（3）	中国科学技术大学	Z-108-2-02	Z	2	2012
90923039 91323301	超快激光微纳制造机理、方法及新材料制备的基础研究	姜澜（1） 李欣（3）	北京理工大学 清华大学	Z-109-2-04	Z	2	2016
91023024	摩擦界面的声子传递理论与能量耗散模型	倪中华（3）	东南大学	Z-109-2-02	Z	2	2018
91023046 91123037	基于工艺选择性的 MEMS 三维制造关键技术与设计方法	王跃林（1） 李昕欣（3） 李铁（4）	上海微系统与信息技术研究所	F-309-2-06	F	2	2012
91523101 91023042 91323302 91023042	超精密光学零件可控柔体抛光技术与装备	戴一帆（2） 彭小强（3） 解旭辉（4） 周林（5）	中国人民解放军国防科技大学	F-308-2-03	F	2	2012

续表

项目批准号	获奖项目名称	完成人（排名）[1]	完成单位	获奖项目编号	获奖类别[2]	获奖等级	获奖时间
91023020	大行程、高精度、快响应直线压电电机	金家楣（4）	南京航空航天大学	F-30801-2-03	F	2	2013
90923001 91323303	高动态 MEMS 压阻式特种传感器及系列产品	蒋庄德（4）	西安交通大学等	F-30801-2-02	F	2	2017
91323303	光电成像系统参数测试与校准关键技术及应用	邱丽荣（2）	北京理工大学	F-30902-2-04	F	2	2018
91323303	大幅面微纳图形制造技术与产业化应用	陈林森（1） 申溯（6）	苏州大学等	J-219-2-05	J	2	2011

注：1. 只填写与该重大研究计划资助项目有关的完成人，并在括号中注明排名顺序，如李明（2）。

2. 在获奖类别栏中注明：Z，F，J。其中，Z 代表国家自然科学奖，F 代表国家技术发明奖，J 代表国家科技进步奖。

附录 3　代表性发明专利一览表

本重大研究计划研究成果共授权专利 935 项。这里列出部分代表性专利成果，主要完成者是重大研究计划项目负责人或者研究骨干；兼顾与代表性成果对应和专利授权国家（中国、美国、欧洲、PCT 等）。

附表 3.1　“纳米制造的基础研究”代表性发明专利目录

项目批准号	发明名称	发明人（排名）	专利号	专利申请时间	专利权人	授权时间
90923038	Method for preventing wear of monocrystalli	房丰洲（1） 仇中军（3）	PCT/CN2010/075086	2010-09-07	天津大学	2012-11-07
90923038	Particle beams assisted ultra-precision machining method for single-crystal brittle materials	Fengzhou Fang（1） Zongjun Qiu（3）	US8897910B2	2011-06-14	天津大学	2014-11-25
91023006	Processing Method for photochemical/electrochemical planishing-polishing in nano-precision and device thereof	Zhan Dongping（1） Shi Kang（2） Tian Zhongun（3）	EP2592178A1	2011-06-30	厦门大学	2013-05-15
91023015	用于浸没单元调节的 3-PSR-V 并联机构	傅新（1）	ZL201110294641.9	2011-09-28	浙江大学	2013-06-26
91023020	磨具及采用弹性行波驱动磨具的控制方法	金家楣（1）	ZL201110108233.x	2011-04-28	南京航空航天大学	2013-06-19
91023023	一种整片晶圆纳米压印光刻机	兰红波（1）	ZL01110266251.0	2011-09-08	山东大学	2013-04-10
91023032	Method for extracting critical dimension of semiconductor nanostructure	Liu Shiyuan（1） Zhang Chuanwei（3） Chen Xiuguo（4）	US9070091B2	2013-12-05	华中科技大学	2015-06-30

续表

项目批准号	发明名称	发明人（排名）	专利号	专利申请时间	专利权人	授权时间
91023044	一种滤光结构	周云（1） 陈林森（2） 申溯（4）	ZL201210517067.3	2012-12-05	苏州大学	2014-12-10
91123001	Methods for the Production ofNanoscaleHeterostructures	Jiatao Zhang（1）	US8685841B2	2012-03-23	北京理工大学	2014-04-01
91123014	共焦系统球差测量方法	邱丽荣（1）	ZL201210140645.6	2012-09-12	北京理工大学	2014-03-26
91123033	Molecular glass photoresists containing bisphenol A framework and method for preparing the same and use thereof	Li Chen（3） Shayu Li（5）	US9454076B2	2012-05-08	中国科学院化学研究所	2016-09-27
91123034	碳纳米管薄膜晶体管、AMOLED像素柔性驱动电路及制作方法	崔铮（3）	PCT/CN2014/089127	2013-10-24	中国科学院苏州纳米技术与纳米仿生研究所	2015-04-30
91223201	Precise-locating drive end pre-tightening device	张宪民（1）	PCT /CN2014/093090	2014-12-05	华南理工大学	2015-12-30
91223201	Parallel platform tracking control apparatus using visual device as sensor and control method thereof	Xianmin Zhang（1）	US9971357B2	2015-12-23	华南理工大学	2018-05-15
91323301	基于频域时空变换的超快激光连续成像装置及方法	姜澜（1）	ZL201410683514.1	2014-11-25	北京理工大学	2017-02-08

续表

项目批准号	发明名称	发明人（排名）	专利号	专利申请时间	专利权人	授权时间
91323302	Device for globally measuring thickness of metal film	路新春（1）	US9377286B2	2011-11-17	清华大学	2016-06-28
91323302	熔石英光学曲面的大面积纳米微结构调控制备方法	戴一帆（1）	ZL201510634503.9	2015-09-29	中国人民解放军国防科技大学	2017-03-29
91323303	Method for manufacturing transparent conductive film	Yucheng Ding（1） Jinyou Shao（2）	US9620264B2	2015-02-25	西安交通大学	2017-04-11
91323303	Method for manufacturing energy harvester comprising piezoelectric polymermicrostructure array	Jinyou Shao（1） Yucheng Ding（2）	US9621077B2	2015-02-26	西安交通大学	2017-04-11
91323303	一种多梁式超高 g 值加速度传感器芯片及其制备方法	蒋庄德（1）	ZL201410012926.2	2014-01-10	西安交通大学	2016-08-31

索　引

（按拼音排序）

纳米切削	90
纳米压印装备	50
无掩膜制造	90
原子层材料去除	28
约束刻蚀剂层技术	47
自约束纳米加工	62

图书在版编目（CIP）数据

纳米制造的基础研究 / 纳米制造的基础研究项目组编. — 杭州：浙江大学出版社，2020. 4
ISBN 978-7-308-19776-2

Ⅰ. ①纳… Ⅱ. ①纳… Ⅲ. ①纳米技术-高技术产业-产业发展-研究 Ⅳ. ①TB383
中国版本图书馆CIP数据核字（2019）第264215号

纳米制造的基础研究

纳米制造的基础研究项目组　编

从书统筹 国家自然科学基金委员会科学传播中心
唐隆华　张志旻　齐昆鹏
策划编辑 徐有智　许佳颖
责任编辑 金　蕾
责任校对 郝　娇
封面设计 程　晨
出版发行 浙江大学出版社
（杭州市天目山路148号　邮政编码310007）
（网址：http：//www.zjupress.com）
排　　版 杭州隆盛图文制作有限公司
印　　刷 浙江海虹彩色印务有限公司
开　　本 710mm×1000mm 1/16
印　　张 11.75
字　　数 163千
版 印 次 2020年4月第1版 2020年4月第1次印刷
书　　号 ISBN 978-7-308-19776-2
定　　价 96.00元

浙江大学出版社市场运营中心联系方式（0571）88925591; http://zjdxcbs.tmall.com